New Wun Ching Developmental Publishing Co., Ltd.

New Age · New Choice · The Best Selected Educational Publications—NEW WCDP

財務管理

第**4**版

理論與應用

曹淑琳 編著

4th
Edition

FINANCIAL MANAGEMENT

THEORY AND PRACTICE

　　筆者根據過去多年的教學經驗，一直希望編纂一本適合學生，使其能很快抓住財務管理之重點與技巧之教科書；除了要能消化課文外，亦能加以運用，並於學習過程當中，不會感覺太繁瑣，因此有了本書之產生。本書《財務管理》是筆者多年來授課之講義及心得，整理其重要部分而得，而為了能建立讀者們的理論基礎，所以會重視名詞的解釋與分析，並且強調整體觀念的建立，另外再輔以簡略的數學工具，幫助理解財務管理的概念。在熟讀本書之後，可以再練習附於每個章節之後的歷屆相關考試試題，除了可以加強及加深基本觀念之外，也可以點出學習上的盲點。本次改版參照讀者與授課教師的建議，進行部分內容的調整，並補充最新考題，期許本書能更臻完善。

　　關於本書：

1. 教材內容：財務管理之基本、重要概念皆已包含。

2. 適用學生：適合想認識及學好財務管理的學生。

3. 習題作業：包含歷屆相關考試的試題，除了有正確的基本觀念，再加上勤做練習題，相信會大大提升財務管理之程度，教師們也可於課堂中帶領學生解題，以增進其理解程度。

　　筆者才疏學淺，錯誤之處在所難免，煩請各位讀者及先進長輩，不吝賜教，不勝感激。

文藻外語大學國際企業管理系

曹淑琳　謹識

目錄

Financial Management : Theory and Practice

Chapter **01**

財務管理序論

Financial Management :
Theory and Practice

1-1 財務管理的發展與趨勢

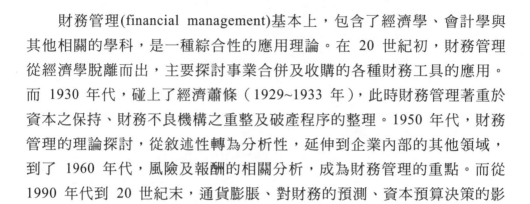

　　財務管理(financial management)基本上，包含了經濟學、會計學與其他相關的學科，是一種綜合性的應用理論。在 20 世紀初，財務管理從經濟學脫離而出，主要探討事業合併及收購的各種財務工具的應用。而 1930 年代，碰上了經濟蕭條（1929~1933 年），此時財務管理著重於資本之保持、財務不良機構之重整及破產程序的整理。1950 年代，財務管理的理論探討，從敘述性轉為分析性，延伸到企業內部的其他領域，到了 1960 年代，風險及報酬的相關分析，成為財務管理的重點。而從 1990 年代到 20 世紀末，通貨膨脹、對財務的預測、資本預算決策的影響及收購與合併(mergers & acquisitions)成為現今財務管理學的重點。

　　然而到了 21 世紀，有兩個主要的趨勢影響財務管理的發展，第一是企業普遍持續地全球化：現在企業的財務經理，日常要負擔的責任，包含應付投資資本加速跨國移動、眾多的貨幣與資本市場、多種會計系統與稅法，以及許多政治風險的環境。全球化並未改變企業財務管理的基本理論，但是對企業的財務操作及國內金融市場有相當的影響。

　　第二個趨勢是財務醜聞(financial shenanigans)的後遺症。恩隆(Enron)和世界通訊(World Com)是兩家最早因為高階主管和審計人員涉及詐欺、隱匿及其他犯罪行為而倒閉的大企業。從那時起，美國國際集團(AIG)、貝爾斯登(Bear Stearns)、雷曼兄弟(Lehman Brothers)等不是賤賣資產，就是因為過度的財務槓桿而宣告破產。恩隆案的大規模詐欺，更是為企業的財務管理上了重要的一課。美國證管會(SEC)依據沙賓法案(Sarbanes Oxley Act)施行的財務及會計準則，已對美國企業甚至全球企業的財務管理產生重大影響，然而新的法令與規則仍然無法杜絕人性的貪婪，例如：馬多夫(Bernard Madoff)騙局顯示，空有規範仍然無法阻止財務騙局的發生。為了恢復大眾對於公共金融市場誠信的信賴，必須建

立更健全的財務原則及更透明的資訊架構，同時也必須考慮人性的貪婪，防止財務騙局重複發生。

由於金融市場與產業會持續變化，良好的財務管理對於 21 世紀企業的成功，有著舉足輕重的地位。根據歷史經驗顯示，新創企業的早期生存和蓬勃發展與有效的財務規劃和控管息息相關。而新創企業失敗的最常見原因，多是缺乏專業的財務管理。同時，財務管理在各級政府的各個部門所受到的重視正與日俱增，在各種非營利企業與組織中亦同。當前經濟不確定的時代，財務管理的原則與方法更形重要。

 ## 1-2 財務管理的目標

本書採用傳統的觀點，認為財務管理的主要目標，是使企業流通在外的普通股價值極大化，但是基於股價變現時，在風險方面的考量，則「普通股價值」應以「目前的市價」為對象，才是最明確，也最容易了解和掌握的目標。因為財務經理與企業的其他高階經理人負有受託義務(fiduciary obligation)，應採取對企業所有人（即普通股股東）最有利的決策，而管理階層能使股東利益最大化的方法，就是使股東持有的股票價值極大化。

然而，股票上市只是眾多財務決策中的一個環節，並非股價極大化的特效藥，而且，要使流通在外的普通股價值最大化，並非只是單純地使總獲利增加。例如：企業可以額外再發行股票，並將收益再投資於長期政府公債，企業的獲利會因此增加，但是新增的獲利必須分給更多的股東；若投資於長期政府公債的報酬率，低於企業正常的投資報酬率，則每股盈餘(earnings per share, EPS)會被稀釋，普通股的價值就會減少，所以，管理團隊欲採取使普通股價值最大化的決策時，必須同時考慮其決策對每股盈餘的影響，而非僅注意於總獲利的增加。

甚至，使流通在外的普通股價值最大化，其財務決策也須考慮增加盈餘的時機。因為貨幣具有時間價值，而貨幣之所以有「時間價值」，是因為在金融體系的運作下，利率的存在賦予了今日一塊錢可在未來產生額外的價值。愛因斯坦(Albert Einstein)曾說：「世界上最強大的力量，不是星球撞擊的力量，也不是核子爆發的威力，而是複利效果。」管理團隊必須考量到兩年後，增加一元盈餘的價值，是低於六個月後增加一元盈餘的價值。未來盈餘的時機對股價有重大的影響，而企業管理階層在做財務相關決策時，必須考慮未來盈餘的現值。

除此之外，財務管理還要考慮企業經營所必須承擔的風險，貝爾斯登(Bear Stearns)、雷曼兄弟(Lehman Brothers)等企業的慘痛教訓，在在說明風險獲利(risky profit)的價值低於確定獲利(certain profit)的價值。

財務管理必須衡量兩種常見的風險，一是商業風險(business risk)，二是財務風險(financial risk)。所謂商業風險是指企業所處產業的產業本質及經濟環境所導致的風險。例如：半導體企業面臨的商業風險高於食品企業。而財務風險是指企業籌資方式所帶來的風險，一般來說，企業舉債越多，其破產的風險越高，因此經營的風險越高。因為過度依賴舉債方式來籌資的企業，可能沒有足夠的財力度過長期經濟衰退，或是資產價值大幅波動的年代。除了個別考慮商業風險和財務風險之外，財務管理還要考慮兩者的交互影響，必須維持商業風險和財務風險的適當平衡。因此，商業風險相對較低的企業，在使用債務融資上，會比商業風險相對較高的企業更加積極，所以，企業的財務管理對於債務融資的程度也有重要的影響。因此，成功的財務管理需要巧妙地平衡各種因素，才能達成財務管理的總目標，使企業流通在外的普通股價值極大化。

1-3 財務管理的內容

　　企業在營運的過程中，財務管理最主要的是掌握「現金流量」的來源與去路，亦即盡可能以較低的資金成本，做最有效率的資金應用，以達成財務管理的目標。除此之外，還必須考量下列四大財務決策：

1. **資本結構政策**：必須找出適合的比例，來調整權益資金（自有資金）與負債資金（外來資金）的比重，以期能降低資金成本。例如：須考慮減少多少負債資金的比例，即可使每股盈餘增加。

2. **資本預算規劃**：尋找並且評估有利於企業價值最大化的投資計畫，例如：投資新的廠房、購買新的機器設備的評估。

3. **營運資金管理**：營運資金是指一家企業對於流動資產的投資。例如：日常營運中必要的資金調度、各種短期週轉資金的決定方式等，營運資金管理是一家企業抵禦銷售低迷的第一道防線。

4. **決定股利政策**：股利政策對企業的價值有重要的影響，財務管理必須決定對股東最有利的盈餘分配方式，在「發放現金股利」、「發放股票股利」或是「作為保留盈餘」等決策之間做出最適當的決定。

　　因此，本書是以企業的財務管理為主要探討的方向，但是如前所述，財務管理的目標在於使企業流通在外的普通股價值極大化，而哈佛大學教授邁克爾‧詹森(Michael C. Jensen)從代理成本的角度指出，普通股價值極大化，不一定等於企業利益極大化，呼籲企業應擺脫高股價的迷思。根據邁克爾‧詹森的研究發現，當企業的股價被高估時，一定會產生一股難以控制的力量，破壞企業的核心價值，最後可能讓企業崩盤瓦解。以恩隆(Enron)為例，邁克爾‧詹森估計該企業的實際價值只有300 億美元，但是股價市值卻高達 700 億美元。也就是說，恩隆被高估

了 400 億美元,而高層管理當局為了補足高達 400 億美元的缺口,會不斷釋放出併購與投資的消息,以支撐股價,但這些併購與投資到後來證實都是無利可圖,而使恩隆元氣大傷,最後隨之倒閉,這是企業股價高估之後產生的代理成本。在解釋代理成本前,先來認識「代理關係」。

「代理關係」是指基於經營權與所有權分離的原則所發展出來的,因為企業的資本股份化、大眾化之後,由於股東人數眾多,參與企業決策的專業能力不足,必須由所有股東共同選舉出專業代理人,來代理股東執行實際的行政及管理決策。簡言之,代理關係是由股東授權給管理當局,運用企業的資本,為股東創造利益而產生。但是企業內部的管理當局(例如:董事會、大股東、經理人)掌握經營權,所知道的資訊要比一般股東多,存在「資訊不對稱」(information asymmetry)的情形,很容易造成內部管理當局為了追求本身的利益,犧牲多數股東的權益,將「股東財富極大化」作為最高的目標,也因此產生了代理成本。

而要解決代理成本的問題,最基本要從公司治理 (corporate governance)著手,所謂公司治理是指一種機制,這種機制能使企業內部管理當局的行為受到規範,不會為了追求自身的利益,而犧牲多數股東的權益。而公司治理的目的,還是以維護股東權益與企業價值為重點,不會特別強調例行事務的管理。因此,公司治理是以股東權益為出發點,主要探討:企業董事會的結構與機制、財務激勵制度的制定、企業與股東及其他利害關係人的互動關係、企業資訊的透明度,以及資訊揭露的時效性等等。

最後,在結束本章之前,要特別強調財務管理也需重視企業倫理,例如:台積電董事長張忠謀曾經提及「Good Ethics is Good Business」,如果沒有企業倫理,企業將無誠信可言,那麼財務管理將失去靈魂,即使暫時的成功,也無法擁有長期的競爭力。而且沒有誠信,企業也會產生隱藏成本,例如:因企業聲譽受損,而導致銷售量下滑,員工與企業

價值產生衝突，可能會使誠實的員工求去，而不誠實的員工留下，產生「劣幣驅逐良幣」(bad money drives out good money)的情形。企業一旦失去了重要的主流價值觀，便不具有良好的企業倫理，也就不具有永續經營的能力。

習題 | Exercise

一、選擇題

( ) 1. 下列何者不是公司財務的課題？ (A)資本結構 (B)資本預算 (C)營運資金管理 (D)銀行經營管理。　　　　　　　　【證券商業務員測驗】

( ) 2. 下列何種方法可解決股東與債權人之間之代理問題？ (A)實施員工認股選擇權 (B)在債務契約中訂立限制條款 (C)發行可轉換公司債 (D)降低自由現金流量。　　　　　　　　　　　【台電、中油】

( ) 3. 股東與債權人間之代理問題有： (A)資產替換 (B)補貼性消費 (C)債權稀釋 (D)過度投資。　　　　　　　　　　　　　　【台電、中油】

( ) 4. 股東與管理當局間之代理問題有： (A)不努力工作 (B)債權稀釋 (claim dilution) (C)資產替換(asset substitution) (D)投資不足 (under-investment) (E)以上皆非。　　　　　　　　　　【中原國貿】

( ) 5. 下列何者不是代理成本？ (A)總經理利用公帑招待家人到國外旅遊 (B)總經理利用公家飛機，招待親戚朋友到處旅行 (C)董事長以員工招待所名義購買別墅作為居家之用 (D)總經理達到公司所定營業成長目標所獲得的紅利。　　　　　　　　　　　　【高考】

( ) 6. 以下何種方法，可使管理者專注在股東的利益上？ (A)使用金降落傘(golden parachutes)的方法 (B)投票撤換人事 (C)大量徵求委託書 (D)以上皆非。　　　　　　　　　　　　　　【中原國貿】

二、問答及計算題

1. 請問企業組織的形態有哪些類型？又各有何優劣之處？　　【淡江國貿所】

2. 請描述債權人與股東之間存在的代理問題為何？並簡述可能的解決方法。　　　　　　　　　　　　　　　　【高科大金融營運、金融理財所】

3. 請描述股東與管理者之間存在的代理問題為何？並簡述可能的解決方法。 【高雄金管所】

4. 請簡述下列觀點：「公司價值極大化」、「股東權益極大化」與「股價極大化」這三個目標是相通的。 【政大財管所】

5. 何謂直接金融？何謂間接金融？何者在未來將扮演更重要的角色？ 【基層特考】

6. 財務管理的功能為何？ 【交大財金所】

7. 請評論下列觀點：「只要每股盈餘提升了，公司價值便隨之增加。」 【中央財金所】

8. 企業有哪些投資、融資或股利上的策略，可以將債權人的權益移轉到股東的身上？債權人應如何確保本身的權益，不受前述策略的侵蝕？ 【中央財金所、基層特考】

9. 「財務管理之主要目的在追求企業收入(revenue)之最大化，進而追求企業稅後淨利(net income)及 EPS 之最大化。」試討論之。 【台大財金】

10. 依據相關法規，2003 年度以後申請有價證券上市之各公開發行公司，應設置獨立董事、監察人。依據現行法規，獨立董事、監察人自身或二親等以內直系親屬不得持有該公司過多股票以及不能在該公司及關係企業任職。

    江姓股東忿忿不平的說道：「一個沒有持股的人作為獨立董事，我怎麼能相信他會為我們股東著想呢？Jensen and Meckling 在 1976 年就指出，只有在持股比例夠大的情況下，代理問題才會降低。我怕在事不關己的情況下，獨立董事將會只顧著領車馬費，而置我們股東生死於不顧。」請評論江姓股東的說法。 【高科大金融】

11. ABC 公司計畫以 \$35 買進目前股價 \$20 的 XYZ 公司，並且通知 XYZ 公司的董事長，然而，昨天 XYZ 公司的董事會卻表決不接受 ABC 公司的收購提議。消息傳出後，XYZ 公司的廣大股東，正在議論紛紛。

請問就一般股東而言，這是董事會傷害股東利益的代理問題嗎？為什麼？請說明理由。 【高科大金融】

12. Jensen 在 1986 年提出自由現金流量假說 (free cash flow hypothesis)。Jensen 觀察到石油與菸草業者都擁有很多自由現金流量，同時也伴隨著很嚴重的代理問題。什麼是自由現金流量(free cash flow)？股東可以透過哪些方法降低經理人可以控制的過多自由現金流量？ 【高科大金融】

13. 股票選擇計畫(stock option plan)經常被用於降低代理問題，請問為了使經理人和股東間具有誘因相容(incentive compatible)，則簽訂股票選擇權契約時，股票的認購價格應該是訂得高於或是低於股票的市價？為什麼？ 【高科大金融】

14. 洪先生：「M&A 活動使得許多公司的經理人會努力追求股價最大，以免因為股價過低而成為被收購的對象，而導致經理人的工作不保，因此，M&A 活動是有助於降低權益代理問題」。江先生則說道：「這可不一定，許多權益代理問題可是隱藏在 M&A 活動中吧！」請舉例說明，以支持江先生的看法。 【高科大金融】

Chapter **02**

財務報表分析

Financial Management :
Theory and Practice

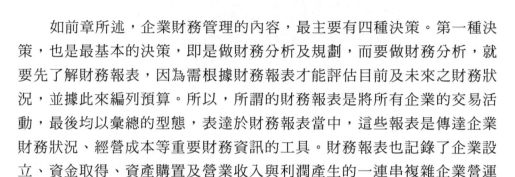

2-1　認識財務報表

如前章所述，企業財務管理的內容，最主要有四種決策。第一種決策，也是最基本的決策，即是做財務分析及規劃，而要做財務分析，就要先了解財務報表，因為需根據財務報表才能評估目前及未來之財務狀況，並據此來編列預算。所以，所謂的財務報表是將所有企業的交易活動，最後均以彙總的型態，表達於財務報表當中，這些報表是傳達企業財務狀況、經營成本等重要財務資訊的工具。財務報表也記錄了企業設立、資金取得、資產購置及營業收入與利潤產生的一連串複雜企業營運活動的結果，也就是說，財務報表是企業內部會計制度運作的結果，最主要有下列三大報表：

一、資產負債表

資產負債表是一家企業在某一個特別時點的財務狀況。所謂「財務狀況」是指資產、負債及股東權益在特定時點的數量。資產負債表有系統地記錄了企業的投資成果及融資狀況。因為資產負債表的右邊記錄了資金的來源，不是自有資金，就是外來資金。而資產負債表的左邊，記錄了資金的用途，因此可以得到會計方程式，即：資產總額＝負債總額＋股東權益總額，也可以寫成：企業總資源＝債權人請求權＋所有權人請求權。

（一）資產

資產最主要可分為兩大部分：流動資產及固定資產。流動資產是指現金及其他在一個營業週期內轉換為現金的資產，包括現金、金融資產、應收票據及應收帳款、存貨。金融資產是指現金投資於高流動性及低風險的證券。應收帳款是指企業提供服務或完成銷售後，應收而未收的款項。與應收帳款相關的會計科目是備抵壞帳，是指企業基於過去經

驗，估算目前應收帳款最終無法收回的總金額。存貨是流動資產中最不具流動性者，主要是跟市場景氣有關，通常以成本或淨變現價值較低者估價。

固定資產是指具有長期的使用價值，及不具有流動性，在估算固定資產的價值時，是以公認可接受的方法計算固定資產的累計折舊，所謂累計折舊代表企業從目前固定資產的歷史成本攤提折舊的累計總額。

（二）負債

最先從資產負債表上看到的負債是流動負債──指將於一個營業週期內到期的債務，例如：應付帳款、應付票據以及長期負債。將於 1 年內到期的部分，還有各類應計費用。應計費用代表在資產負債表日已發生，但尚未以現金支付的現金，例如：應付薪資、應付利息、應付水電費等。而流動資產與流動負債的關係，對於判斷公司的短期流動性很重要，短期流動性是指一家企業在流動負債到期時的履行能力。流動資產超過流動負債的部分，稱為淨營運資金(net working capital)，而營運資金又代表企業的週轉資金(cir-culating capital)。金融資產、應收帳款及存貨在正常營運過程中持續轉變為現金，現金則被用於支付到期的流動負債，再投資於新存貨，為新應收帳款提供資金，在累積較多的現金時，投資新的金融資產。由於存貨轉為應收帳款再轉為現金，會產生許多時間上的延遲及償付到期流動負債的必要性，謹慎的做法是維持流動資產高於流動負債的安全邊際(margin of safety)。另一個要維持安全邊際的原因是流動資產的特質，因為金融資產的市場價值不穩定，應收帳款會因為壞帳的提列而受影響，存貨也會有毀損，這時則有滯銷的風險。所以為了流動資產可能減少的風險，有必要維持安全邊際。根據歷史經驗，適當的安全邊際約為二比一。而長期負債指的是一年以上到期的債務，包含向銀行的長期借款以及企業所發行的公司債。

（三）權益

權益代表的是普通股股東對企業所擁有的權益，亦即股東權益(stockholders' equity)或稱為淨值(net worth)。企業擁有者的權益，以數種不同類股票代表，其中特別股（preferred stock，又稱為優先股），無論是股利發放或是企業清償的受償順序，均優先於普通股。且多數特別股的股利可以累積，也就是說若某年未發放股利，會被視為積欠，必須在普通股能獲配股利前，全額支付給特別股股東。

普通股的股本是以面額(par value)或是設定價值(stated value)乘上其流通在外的股數。而股票得以出售的價值，取決於投資大眾對企業價值的評估，所以股票出售超過面額的金額，通常以「溢價」(paid-in capital)表示，稱為資本公積(capital surplus)，又稱為額外投入資本(additional paid-in capital)或是其他投入資本(other paid-in capital)。權益還包含保留盈餘(retained earnings)，是指企業歷年的盈餘未發放給股東，供企業未來使用。但是若有虧損，則為累積虧損(cumulative deficit)，其虧損金額會由保留盈餘的帳戶中扣除，普通股股東的權益會因此而減少，因此普通股股東的權益又稱為企業的「股本緩衝」(equity cushion)。表 2-1 為 A 公司的比較資產負債表。

▼ 表 2-1　A 公司比較資產負債表

	2020 年	2021 年
資產		
現金	$315,000	$297,000
金融資產	57,000	25,000
應收帳款	2,594,000	2,177,000
存貨	2,257,000	1,986,000
總流動資產	$5,223,000	$4,485,000
財產、廠房及設備	3,621,000	3,231,000
其他固定資產	526,000	609,000
總固定資產	$4,147,000	$3,840,000
總資產	$9,370,000	$8,325,000
負債及股東權益		
應付票據	$696,000	$874,000
應付帳款	1,645,000	965,000
應付稅款	628,000	553,000
應付費用	340,000	308,000
總流動負債	$3,309,000	$2,700,000
長期負債	$1,695,000	$1,429,000
總負債	$5,004,000	$4,129,000
股東權益		
特別股（面額 100 元，6%）	$425,000	$597,000
普通股（面額 10 元）	520,000	510,000
資本公積	420,000	405,000
保留盈餘	3,001,000	2,684,000
股東權益	$4,366,000	$4,196,000
負債與股東權益	$9,370,000	$8,325,000

二、損益表

　　如果資產負債表表達的是企業在特定時間，所有資產、負債與股東權益的「存量」的觀念，損益表則是表達企業在特定期間，所有營業收支的「流量」的觀念，代表的是企業在一段期間的營運成果。

　　第一個出現在損益表的數字是銷貨收入，表示企業主要營業活動所產生的收入。銷貨成本是因為主要營業活動所產生的成本，例如：原料成本、直接人工、製造費用等。折舊表示該年度所有固定資產（土地除外）折舊的總金額；管理銷售費用是指其他所有的營業費用。銷貨收入減銷貨成本之餘額為銷貨毛利，銷貨毛利減去所有營業費用即是營業利益(operating profits)，代表企業正常營業所獲得的利益，是本業賺錢與否的指標。其他所得是指來自本業以外的所得，表 2-2 是 A 公司的比較損益表。

　　在損益表的最後部分，會列出普通股每股盈餘，因為企業所有權人最在乎每股普通股的獲利，盈虧以每股表示。若有發放特別股股利，則必須先從本期淨利扣除特別股股利後，再除以當年度流通在外普通股股數的加權平均值。而特別股股利之所以要先扣除，是因為有別於付給債券持有人的利息，特別股股利並非可扣稅的營業費用。其就像普通股一樣，特別股是表彰所有權的證券，發放的任何股利會被視為是分配給企業所有權人的利潤。

▼ 表 2-2　A 公司比較損益表

	2020 年	2021 年
銷貨收入	$13,413,000	$11,575,000
營業費用：		
銷貨成本	7,467,000	7,194,000
折舊	376,000	334,000
管理與銷售費用	4,575,000	3,092,000
營業費用合計	$12,418,000	$10,620,000
營業利益	995,000	955,000
其他所得	186,000	184,000
總收益	$1,181,000	$1,139,000
利息費用	180,000	184,000
稅前盈餘	1,001,000	955,000
所得稅	382,000	371,000
本期淨利	$619,000	$584,000
流通在外普通股股數	104,000	102,000
普通股每股盈餘	$5.95	$5.72

三、現金流量表

此報表顯示當年度所有的營業活動、投資活動及融資活動的現金來源與用途，報表的第一個部分，是營業活動的現金流量，通常是以淨利當成營業活動現金的起始來源。而要調整帳戶盈餘與現金流量，首先要把折舊加回來，因為折舊金額是計算淨利時的非現金減項，所以須將折舊加回以提高現金餘額；其次，影響現金的流動資產與流動負債的變化，也須加以說明。如果流動資產增加，表示有使用資金，須從現金中扣除。如果流動資產減少，表示是一項資金的來源。例如：存貨減少，表示有商品賣出，以換取現金，可以將減少的金額加回。至於流動負債方面，若流動負債增加，表示是一項資金的來源，例如：可從債權人借取更多的現金，所以流動負債增加可以提高現金餘額。反之，如果流動負債減少，表示資金之使用，例如：償還債權人的借款，所以必須減少現金餘額。

企業除了營業活動可以創造現金流量之外，投資活動及融資活動也會產生現金流量，投資活動包含各種資本性支出，例如：企業對其他發行公司的證券長期投資，以及對工廠及固定設備之投資等等。若增加投資，則現金減少，為資金的使用；若減少投資，則為資金的來源，現金會增加。

融資活動包含公司債之出售或到期贖回，發行普通股、特別股及其他各項公司證券等。另外，支付現金股利，也是一種融資活動。出售證券視為資金的來源；購買或贖回到期之證券，則為資金的用途。表 2-3 是 A 公司現金流量表。

▼ 表 2-3　A 公司現金流量表

2021 年 1 月 1 日至 12 月 31 日

營業活動所產生的現金流量：		
稅後淨利		$110,500
折舊費用	$50,000	
應收帳款增加	(30,000)	
存貨增加	(20,000)	
預付費用減少	10,000	
應付帳款增加	35,000	
應付費用減少	(5,000)	40,000
營業活動所產生之淨現金流量投資		$150,500
投資活動所產生之現金流量：		
長期證券投資增加	$(30,000)	
工廠及設備增加	(100,000)	
投資活動所產生之淨現金流量		(130,000)
融資活動所產生之現金流量：		
應付債券增加	$50,000	
發放特別股股利	(10,500)	
發放普通股股利	(50,000)	
融資活動所產生之淨現金流量		(10,500)
現金流量淨增加		$10,000

2-2　財務報表分析

　　財務報表的比率分析可分為新式比率分析與傳統的比率分析，目前常見的新式財報比率分析相當複雜，要計算前，甚至需要調整財務報表的項目，再透過電腦程式計算，所以認識它們且知如何運用即可。

一、新式比率分析

（一）EVA (economic value added)

是衡量企業經營績效的指標。管理大師彼得・杜拉克(Peter Drucker)更指出 EVA 是各種衡量生產要素績效的方法中，最重要且最值得信賴的，因為 EVA 是將股東資金的機會成本也考慮進去，其公式如下：

$$EVA＝稅後營業淨利－總資本×稅後資金成本$$

其中總資本，又稱為「營運收入資本」，包含股東權益以及需要支付利息的長短期負債，所以如果 EPS 為正，但是 EVA 卻是負數或是小於 EPS，表示企業營運之利潤不足以負擔資金成本，管理階層沒有有效地運用企業的資金。

除此之外，公式當中的稅後營業淨利(net operating profit less adjusted taxes, NOPLAT)調整了 160 多個會計科目的定義，包含商譽攤銷、研發費用、營業費用、遞延所得稅等等，而之所以要調整，是因為有些會計科目是估計出來的，因此容易受到人為操作而美化財務報表。EVA 也可拆成「稅後資本報酬率」(return on invested capital, ROIC)與「稅後資金成本」(weighted average cost of capital, WACC，或叫「加權平均資金成本」)，EVA 若要大於零，則 ROIC 必須大於 WACC。

$$\begin{aligned} EVA &= 稅後營業淨利－總資本×稅後資金成本 \\ &= \left(\frac{稅後營業淨利}{總資本} － 稅後資金成本 \right) × 總資本 \\ &= （稅後資本報酬率－稅後資金成本）× 總資本 \\ &= （ROIC － WACC）× 總資本 \end{aligned}$$

其中 ROIC 是指企業運用資本來創造利潤的績效，而 WACC 是指企業計算所有資金來源的成本，各取一定比率加總而成。

（二）ROCE (return on capital employed)

　　資本使用報酬率，是用來衡量財務績效的指標，藉此了解企業的管理階層是否有效率的使用資本。所以績優企業的 ROCE 較經營不善的企業來得高。但有例外，ROCE 若與 WACC 做比較，如果 ROCE 較低，則表示管理階層消耗企業本身的資本，侵蝕股東的權益。

$$ROCE = \frac{EBIT}{NCE}$$

　　其中 EBIT (earnings before interest and tax)代表稅前息前淨利；NCE (net capital employed)代表資本淨額，亦即總資產減掉流動負債，顯示企業長期可用的資金。由於 ROCE 可以直接使用財務報表上的數字，不須像 EVA 要大幅調整，因此使用率較 EVA 高。

（三）EV/EBITDA

　　是「企業價值對稅前息前折舊及攤銷前淨利比率」，使用市場價值除以調整後的獲利數字，來評估企業價值。

$$\frac{EV}{EBITDA} = \frac{股票市值 + 總負債 - 總現金}{稅前淨利 + 利息費用 + 折舊 + 攤銷}$$

　　由此公式可知 EV (enterprise value)是企業價值，可以單獨使用，比較各家企業的基本情況，EV 越高，表示企業市值越高，對市場影響力越大，越能吸引資金。而 EBITDA (earnings before interest, tax, depreciation and amortization)即稅前息前折舊攤銷前淨利，稅後淨利之所以要加回折舊及攤銷，是因為折舊及攤銷都是估計出來的，且估計方法不相同，損益就不同，且折舊及攤銷並不影響當期現金流量，所以予以加回，而另外加回所得稅及利息，是為了更能彰顯管理當局實際上可支配的經濟資源。

二、傳統比率分析

（一）短期償債能力分析

　　企業的短期償債能力，又稱為流動性，是指資產轉換成現金，或是負債到期清償所需之時間長短，因此短期償債能力，是在評估企業的流動性，也就是以流動資產支付流動負債的能力，主要有下列四種比率：

1. 流動比率(current ratio)

　　又稱為流動資金比率(working capital ratio)、銀行家比率、運用資本比率、清償比率、二對一比率。

$$流動比率 = \frac{流動資產}{流動負債}$$

$$= \frac{現金＋應收帳款＋存貨＋預付費用等}{短期借款＋應付帳款等}$$

　　此比率是一個相對數字，用來：
(1) 測驗企業短期流動性之能力，亦即流動資產抵償流動負債之能力。
(2) 顯示短期債權人之安全邊際程度。
(3) 測驗企業運用資本是否充足，比率越高，則短期償債能力越強，越無週轉問題。

2. 速動比率(quick ratio)

$$速動比率 = \frac{速動資產}{流動負債}$$

　　又叫做酸性測驗比率(acid-test ratio)，此比率用以測驗在極短時間內之短期償債能力，較流動比率有更嚴格的標準，一般以 1 為標準，表示每一元之流動負債有一元之速動資產可供償還，而速動資產是指由流動資產當中扣除不易立即變現的存貨與預付費用等。

小試身手 ①

台積電的財務報表，部分資料如下：

存貨（期末）　　　　10,000

流動資產　　　　　　20,000

流動負債　　　　　　5,000

則(1)流動比率為多少？(2)速動比率為多少？

3. **應收帳款週轉率**(account receivable turnover)

又稱為應收帳款週轉次數，是指應收帳款在一年中回收之次數。

$$應收帳款週轉率 = \frac{賒銷淨額}{平均應收帳款}$$

此週轉率用來測驗應收帳款收現的速度與收帳之效率，比率越高，表示收帳能力越強，使償債能力提升，若無賒銷資料，可用銷貨淨額取代。

4. **存貨週轉率**(inventory turnover)

又稱為存貨週轉次數，是指存貨一年當中出售的次數。

$$存貨週轉率 = \frac{銷貨成本}{平均存貨}$$

此週轉率用來測驗存貨出售的速度與存貨額是否恰當，比率越高，表示存貨越低，資產使用效率越高。

小試身手 ②

台積電部分財務資料如下：

銷貨成本	3,000,000
存貨（期初）	600,000
存貨（期末）	1,200,000
銷貨	5,000,000
期初應收帳款	1,300,000
期末應收帳款	1,600,000

則應收帳款週轉率及存貨週轉率各為多少？

（二）長期償債能力分析

　　企業的長期償債能力，主要來自其健全的資本結構及獲利能力，所謂資本結構是指負債與股東權益的關係。一般用來分析長期償債能力之比率有下列四種：

1. 負債比率(liability ratio)

$$負債比率 = \frac{負債總額}{資產總額}$$

　　此比率用來測驗企業總資產中，由債權人提供之資金比率的大小，比率越低，表示由債權人提供之資金越少。亦即，資金多由股東所提供，對債權人的保障也較高，反之，若負債比率越高，表示企業之資金多由債權人所提供，對債權人的保障相對較小，亦即企業的資本結構較不健全。

2. 固定比率

又叫固定資產對長期負債比率，亦即固定資產淨額除以長期負債，用來表示借入長期資金購買之固定資產占全部固定資產之比率，一般以 1 為標準。由於固定資產是使用於營業之用，故適合長期負債所取得之資金購買。用來測驗償還本金與利息的安全保障，比率越高，越有保障。

3. 賺取利息倍數(times interest earned, TIE)

又叫利息保障倍數，是以稅前息前純益(EBIT)除以當期之利息費用，此比率用以測驗企業由營業活動所產生之盈餘、支付利息之能力。倍數越大，表示企業付利息的能力越大，對債權人越有保障。

4. 普通股每股帳面價值(book value per share)

又叫每股權益(equity per share)，此比率表示每一普通股可享有之權益，若有特別股，則需分開計算。

(1) 特別股每股帳面價值 $= \dfrac{\text{特別股股東權益}}{\text{特別股流通在外股數}}$

(2) 普通股每股帳面價值 $= \dfrac{\text{股東權益總額} - \text{特別股股東權益}}{\text{普通股流通在外之股數}}$

小試身手 ③

若台積電的流動資產為 40 萬元，流動負債為 26 萬元，存貨有 10 萬元，稅前息前利潤為 30 萬元，利息費用為 5 萬元，則公司的賺取利息倍數為多少？

（三）獲利能力分析

所謂獲利能力，是指企業賺取盈餘或投資報酬之能力，股東之所以願意投資企業股票，乃著眼於企業之獲利能力。一般獲利能力，可由下面兩方面觀察。

1. 股東獲利能力

指股東投資於某企業所獲得之投資報酬率。常見比率有下列三種：

(1) 每股盈餘(earning per share, EPS)

是指每股普通股於每一會計年度所賺取之利潤，用以測驗股東每股股份獲利能力大小的指標。

$$每股盈餘 = \frac{稅後淨利 - 特別股股利}{普通股流通在外加權平均股數}$$

(2) 本益比(price/earning, P/E)

又稱價格盈餘比，表示投資人對每一元之盈餘，所願付出的價格。其中 E 是指 EPS，P 是指股價。

(3) 殖利率(dividend yield ratio)

又叫現金收益率或股利收益率，用來表示股票投資人，可以獲得之投資報酬率。

$$殖利率 = \frac{每股股利}{每股市價}$$

小試身手 ④

若台積電每股盈餘為 60，每股股利為 36，普通股每股市價為 70。則(1)殖利率為多少？(2)本益比為多少？

2. 企業獲利能力分析

用來分析企業賺取盈餘之能力有下列五種：

(1) 資產報酬率(return on assets, ROA)

用以測驗運用資產所得之獲利能力，當企業資產報酬率越高，表示經濟資源運用效率越高，獲利能力越強。

$$資產報酬率 = \frac{稅後淨利}{平均資產}$$

(2) 股東權益報酬率(return on stockholders' equity, ROE)

用來衡量自有資本之運用效率，此報酬率越高，表示股東獲利能力越強。

$$股東權益報酬率 = \frac{稅後淨利}{平均股東權益}$$

(3) 純益率(profit margin)

又叫利潤率或利潤邊際，表示每一元銷貨中所獲得之稅後利潤，可以更了解企業之經營情況。

$$純益率 = \frac{稅後淨利}{銷貨淨額}$$

(4) 長期資本報酬率(return on long-term capital)

用來衡量企業長期債務債權人及股東所能獲得之報酬率。

$$長期資本報酬率 = \frac{稅後淨利 + 利息費用 \times (1 - 稅率)}{平均長期資本}$$

(5) 營業淨利率

用來衡量企業之獲利能力。

$$營業淨利率 = \frac{營業毛利 - 營業費用}{營業收入}$$

（四）經營能力分析

所謂經營能力分析是指企業運用資產的效率，用以測驗企業是否能將資產充分利用？有無閒置資產存在？通常以資產週轉率來衡量。常用的比率有：應收帳款週轉率、存貨週轉率及總資產週轉率，前兩者已介紹過，現在來說明總資產週轉率。

$$總資產週轉率 = \frac{銷貨淨額}{平均資產總額}$$

用以測驗企業資產運用之效率，比率越高，效率越佳，即生產力越大。其他相關比率有：

1. **固定資產週轉率**：用來測驗企業運用固定資產創造收入之能力。

$$固定資產週轉率 = \frac{銷貨淨額}{平均固定資產淨額}$$

2. **股東權益週轉率**：用來測驗企業運用股東資金創造收入之能力。

$$股東權益週轉率 = \frac{銷貨淨額}{平均股東權益}$$

（五）現金流量分析

現金流量分析是以實際現金收付的角度，來衡量企業之投資與經營情況，常用下列三種比率。

1. 現金流量比率

又可分為流動現金負債保障比率(current cash debt coverage ratio)和現金負債保障比率(cash debt coverage ratio)：

(1) 流動現金負債保障比率(current cash debt coverage ratio)

$$流動現金負債保障比率 = \frac{營業活動淨現金流量}{流動負債}$$

用來衡量由營業活動產生之現金、償付流動負債的能力，比率越高，流動性越強。此比率與流動比率很類似，一般而言，流動比率不得小於一，否則企業資金週轉易發生困難，而流動現金負債保障比率，以維持在 50% 以上之資金週轉較為充裕。

(2) 現金負債保障比率(cash debt coverage ratio)

$$現金負債保障比率 = \frac{營業活動淨現金流量}{負債總額}$$

用來衡量由營業活動所產生的現金償付所有負債的能力，若企業連長期負債都能償還，表示其償債能力非常強。

2. 現金流量允當比率(cash flow adequacy ratio)

$$現金流量允當比率 = 最近五年營業活動現金流量／最近五年度之（資本支出＋存貨增加額＋現金股利）$$

又叫「現金流量適合率」或「現金流量充足比率」，此比率用來測驗企業之營業活動產生之現金，是否足夠支付資本支出，存貨淨投

資及現金股利之發放？此比率若是大於一，表示企業足夠支付。此比率若等於一，表示企業可由內部所產生之資金來支付，不需向外融資。此比率若小於一，則必須向外籌措資金，才能支付。

3. **現金再投資比率**(cash flow reinvestment ratio)

$$現金再投資比率 =（營業活動淨現金流量－現金股利）／$$
$$（固定資產毛額＋長期投資＋其他資產＋營運資金）$$

此比率用來衡量將營業活動所產生之現金予以保留，並再投資於資產的比率，比率越高表示企業自發性之再投資能力越強，不需向外舉債或增資。一般而言，若有 8% 到 10% 之水準，即是相當不錯的。

4. **現金週轉率**(cash turn over)

$$現金週轉率 = \frac{營業收入淨額}{平均現金餘額}$$

此比率用來評估企業持有的現金餘額是否恰當？所以數值越高，表示企業持有現金所發揮之效益越大，反之，則越小。

5. **自由現金流量**

$$自由現金流量 = 營業活動產生的淨現金流量－資本支出－現金股利（代表公司真正可運用之資金）$$

6. **每股現金流量**

$$每股現金流量 = \frac{營業活動產生的淨現金流量}{普通股流通在外股數}$$

小試身手 ⑤

下列為台積電最近三年度現金流量表之資料：

台積電

民國 110 年

現金流量表

項　目 ＼ 年	110 年度	109 年度	108 年度
營業活動之現金流量：			
純　益	$2,393,668	$2,325,636	$1,910,092
折舊及攤銷	178,932	182,754	129,494
處分固定資產損失	－	－	2
處分長期投資利益	(195,068)	－	－
按權益法認列之長期投資損失	285,764	27,532	171,990
遞延所得稅資產	(66,946)	(84,154)	(64,462)
營業資產及負債之變動：			
應收票據	(49,812)	(12,620)	133,934
應收關係人帳款	21,760	(51,640)	(32,382)
應收帳款	(25,524)	(156,954)	(81,598)
存　貨	(160,302)	(66,530)	(67,162)
預付款項及其他流動資產	(3,494)	3,202	7,036
應付票據	5,510	165,510	(25,024)
應付關係人帳款	(656)	(656)	(19,214)
應付帳款	12,994	(152,152)	30,438
應付所得稅	87,778	31,892	(15,870)
應付費用及其他流動負債	(5,690)	5,008	(18,942)
營業活動之淨現金流入	$2,478,914	$2,216,828	$2,058,332

投資活動之現金流量：			
購置固定資產	$(192,616)	$(258,220)	$(247,998)
短期投資減少（增加）	(746,484)	688,000	(516,644)
質押定期存款減少	16,000	16,000	—
存出保證金減少（增加）	173,680	(12,284)	(9,962)
處分固定資產價款	—	—	6
長期投資增加	(2,298,548)	(2,000,000)	(1,800,236)
處分長期投資價款	356,068	—	—
遞延費用增加	(402)	—	(268)
投資活動之淨現金流出	$(2,692,302)	$(1,566,504)	$(2,575,102)
理財活動之現金流量：			
存出保證金增加	$8,888	$22,696	$77,166
董監事酬勞	(22,474)	(22,474)	(28,430)
理財活動之淨現金流入（出）	$(13,586)	$222	$48,736
現金及約當現金增加（減少）數	$(226,974)	$650,546	$(468,034)
年初現金及約當現金餘額	2,468,006	1,817,460	2,258,494
年初現金及約當現金餘額	$2,241,032	$2,468,006	$1,817,460
現金流量資訊之補充揭露：			
本年度支付所得稅	$13,808	$17,808	$10,550
本年度支付利息	$182	—	$240

此外根據該公司之資產負債表取得下列之資料：

	110 年 12 月 31 日	109 年 12 月 31 日	108 年 12 月 31 日
流動在外股數	269,200 股	269,200 股	184,000 股
流動資產	$4,600,838	$4,092,504	$3,844,542
流動負債	703,742	653,408	603,806
長期投資	4,631,636	4,694,636	2,702,334
固定資產總額	955,066	1,016,810	941,046
其他資產	220,460	441,810	362,544

試根據上列所提供之資料計算並回答下列之問題：

① 試計算該公司每年度之現金流量比，並加以解釋。

② 試計算該公司每年度之現金流量允當比率，並加以解釋。

③ 試計算該公司三年度合計之現金再投資比率，並加以解釋。

④ 試計算該公司每年度之每股現金流量。

⑤ 每年自由現金流量。

 ## 2-3　財務報表分析之缺點

　　財務報表雖然可以提供企業經營績效相關資料，給予適當的評估，也可知悉企業目前的財務狀況，對其各項資產、負債及股東權益做適當的了解，並可幫助企業預測未來的趨勢，給予管理者解決問題的依據。但是財務報表上的數字，畢竟已是歷史數字，利用財務報表分析，會有下列這些缺點：

一、受物價變動影響

　　財務報告上的數字，是根據歷史成本原則，也就是資產、負債及股東權益之入帳與評價，是以歷史成本為根據，主要原因是歷史成本是由買賣雙方客觀決定的，且能由第三者加以驗證，代表著買賣時雙方主觀所認定的價值。但是購入以後價值的變動，往往無法加以客觀的衡量，因為價值是主觀的，會因人因時而異，缺乏客觀性。且入帳與評價均以新台幣為單位，由於在會計處理上，假定貨幣價值不變或變動不大可以忽略，但就長時間而言，物價均有上漲的現象，尤其在通貨膨脹期間，會扭曲了實際的價值。

二、受財務騙局影響

　　所謂財務騙局(financial shenanigans)，是指企業刻意扭曲公司所公布的財務報表，以期達到其心懷不軌的目的。至於為什麼會有財務騙局產生？最主要有下列三個原因：

（一）有利可圖

由於許多企業在發放紅利或股利時，是以財務報表的盈餘數字為基礎，此舉很容易誘導中高階管理人員不惜一切呈現較好的經營成果。

（二）做法簡單

熟悉會計原則、程序與方法的管理人員，可以因不同的會計方法，得到不同的財務報告，所以心懷不軌的財務管理人員，會透過這些灰色的彈性地帶，來達到扭曲財務報表的目的。

（三）被發現錯帳的機率不高

一般而言，只有公開發行公司的財務報表，需強制依法透過會計師查核，而一般季報則不需要，且多數的公司並未上市，所以公司若刻意要在財務報表上耍花招，或虛灌盈餘，很難察覺其隱瞞的數字，下列幾種公司很容易採取財務騙術，需特別留意：

1. 過去曾有高成長，但目前成長已趨緩

此種公司的管理階層，為了要維持高度成長的假象，容易用財務騙術來美化財務報表。

2. 瀕臨破產，但卻苟延殘喘的公司

此類公司的經理人，也會利用財務騙術來造假財務數字，製造假象以瞞天過海。

3. 未上市公司

此類公司財務報表未曾經會計師查核，也可能缺乏良好的內控制度，特別是那些股權集中度非常高，且從未被查核的公司，發生假帳的機率非常高。

近年來，國內外財務醜聞的事件頻傳，其實，只要能善用財務報表分析的技巧，即可事前發現一些徵兆，避免損失，這才是財務報表分析最主要的目的。

習題 | Exercise

一、選擇題

( ) 1. 在其他條件相同下，公司資訊取得較不易的公司，投資人要求的合理本益比應： (A)較低 (B)較高 (C)不一定，視投資人效用而定 (D)不一定，視投資人風險偏好而定。 【證券商業務員測驗】

( ) 2. 流動負債是指預期在何時償付的債務？ (A)一年內 (B)一個正常營業循環內 (C)一年或一個正常營業週期內，以較長者為準 (D)一年或一個正常營業週期內，以較短者為準。 【證券商業務員測驗】

( ) 3. 預估本益比的大小，不受下列哪因素影響？ (A)股利發放率 (B)要求報酬率 (C)盈餘成長率 (D)流動比率。 【證券商業務員測驗】

( ) 4. 一般而言，企業的流動比率應不小於 2，亦即企業的淨營運資金應不少於： (A)存貨的總額 (B)長期負債 (C)股東權益淨值 (D)流動負債。 【證券商業務員測驗】

( ) 5. 陽明公司購買商品存貨均以現金付款，銷貨則採賒銷方式，該公司本年度之存貨週轉率為 10，應收帳款週轉率為 12，則其營業循環為：（假設一年以 365 天計） (A)16.6 天 (B)67 天 (C)36.5 天 (D)33 天。 【證券商業務員測驗】

( ) 6. 企業之長期償債能力與下列何者較無關？ (A)獲利能力 (B)固定資產週轉率 (C)資本結構 (D)利息保障倍數。 【證券商業務員測驗】

( ) 7. 股東權益報酬率大於總資產報酬率所代表之意義為： (A)財務槓桿作用為負 (B)負債比率低於權益比率 (C)資產投資之報酬大於資金成本 (D)固定資產投資過多。 【證券商業務員測驗】

( ) 8. 下列有關總資產報酬率之敘述，何者不正確？ (A)總資產週轉率越大，表示企業使用資產效率越高 (B)評估總資產週轉率時，須考慮行業特性 (C)總資產報酬率亦可作為衡量獲利能力之補充指標 (D)總資產報酬率係以營業收入淨額除以期末資產。

【證券商業務員測驗】

( ) 9. 塔莉公司應收款增加 500 萬元，應付款增加 600 萬元，處分舊機器收入 500 萬元，購買固定資產花費 1,100 萬元，其發放股利 10 萬元，則其投資活動的現金流量為何？ (A)（510 萬元） (B)（600 萬元） (C)（610 萬元） (D)選項(A)、(B)、(C)皆非。

【證券商業務員測驗】

( ) 10. 假設負債對股東權益之比率為 2：1，則負債比率為： (A)1：2 (B)2：1 (C)1：3 (D)2：3。 【證券商業務員測驗】

( ) 11. 下列哪一種財務比率較適用於評估長期償債能力？ (A)酸性測驗比率 (B)利息保障倍數 (C)總資產週轉率 (D)固定資產週轉率。

【證券商業務員測驗】

( ) 12. 某公司之本益比為 15 倍，假設本益比變為 10 倍時，有可能是因為發生什麼事？ (A)股價下跌 (B)股價上漲 (C)負債變大 (D)股本變大。 【證券商業務員測驗】

( ) 13. 現金流量比率等於： (A)營業活動現金流量÷現金 (B)營業活動淨現金流量÷流動資產 (C)營業活動淨現金流量÷流動負債 (D)營業活動現金流量÷非營業活動現金流量。 【證券商業務員測驗】

( ) 14. 何項財務比率較適合用以衡量企業來自營業活動的資金是否足以支應資產的汰舊換新及營運成長的需要？ (A)現金比率 (B)現金再投資比率 (C)每股現金流量 (D)現金流量比率。 【證券商業務員測驗】

( ) 15. 哪一類的現金流量，其活動為經常發生，且較能預測短期現金流量？ (A)投資活動現金流量 (B)融資活動現金流量 (C)營業活動現金流量 (D)沒有這樣的活動。 【證券商業務員測驗】

( ) 16. 下列有關資本結構比率之公式，何者正確？ (A)負債比率＝負債總額／資產總額 (B)負債比率＝負債總額／股東權益總額 (C)權益比率＝股東權益總額／負債總額 (D)固定資產占長期資金比率＝固定資產／長期負債。 【證券商業務員測驗】

( ) 17. 和平公司應收帳款週轉率 9，當年度平均應收帳款$50,000，平均固定資產餘額$450,000，則固定資產週轉率為何？ (A)1 (B)0.9 (C)0.8 (D)選項(A)、(B)、(C)皆非。 【證券商業務員測驗】

( ) 18. 某企業的本期淨利為$90,000，普通股發行股數為 50,000 股，特別股為 5,000 股，並付出每股 2 元的特別股股利，庫藏普通股為 5,000 股，請問普通股的每股盈餘為多少？ (A)2 元 (B)2.25 元 (C)1.5 元 (D)1.78 元。 【證券商業務員測驗】

( ) 19. 存貨週轉率係測試存貨轉換為下列哪項科目的速度？ (A)銷貨收入 (B)銷貨淨額 (C)製造成本 (D)銷貨成本。【證券商業務員測驗】

( ) 20. 酸性測驗比率係指： (A)流動資產／流動負債 (B)速動資產／流動負債 (C)（現金及約當現金）／流動負債 (D)存貨／流動負債。 【證券商業務員測驗】

( ) 21. 下列有關流動比率之敘述，何者不正確？ (A)流動比率容易遭窗飾 (B)以流動資產償還流動負債，流動比率一定不變 (C)為衡量償債能力之指標 (D)流動比率大於或等於 100％，較有保障。 【證券商業務員測驗】

( ) 22. 一般情況下，發行公司發放股票股利會造成以下何種影響？ (A)股本變小 (B)股本變大 (C)股本不變 (D)無法判斷。 【證券商業務員測驗】

( ) 23. 樂華公司 97 年度銷貨收入為$7,200,000，銷貨成本$6,000,000，存貨週轉率 12，期初存貨$450,000，則期末存貨為： (A)$650,000 (B)$450,000 (C)$600,000 (D)$550,000。 【證券商業務員測驗】

( ) 24. 大華公司的存貨週轉天數為 50 天，應收帳款週轉天數為 60 天，應付帳款週轉天數為 40 天，則大華公司的淨營業循環為幾天？ (A)110 天　(B)30 天　(C)70 天　(D)150 天。　【證券商業務員測驗】

( ) 25. 下列何者不屬於獲利能力的指標？　(A)股東權益報酬率　(B)總資產週轉率　(C)淨利率　(D)資產報酬率。　【證券商業務員測驗】

( ) 26. 已知印像公司淨利率 20%，流動比率 1，速動比率 0.8，淨利 $20,000，總資產週轉率 1.6，財務槓桿比率 0.5，則股東權益報酬率為何？　(A)16%　(B)12%　(C)20%　(D)選項(A)、(B)、(C)皆非。　【證券商業務員測驗】

( ) 27. 若津津公司的速動資產為$18,000，流動負債為$20,000，現有一筆交易使存貨及應付帳款各增加$4,000，則其速動比率應為何？ (A)0.75　(B)0.92　(C)1.09　(D)1.33。　【證券商業務員測驗】

( ) 28. 下列何者是財務報表分析者的應有學養？　(A)了解各個產業　(B)熟悉各項財務會計處理流程　(C)熟知各項分析工具　(D)選項(A)、(B)、(C)皆是。　【證券商業務員測驗】

( ) 29. 編製現金流量表的目的之一是：　(A)提供關於一個企業在某一期間有關營運、投資與融資活動的資訊　(B)揭露某一期間營運資金變動的情形　(C)揭露某一期間所有資產與負債變動的情形　(D)選項(A)、(B)、(C)皆不是。　【證券商業務員測驗】

( ) 30. 瑞凡公司購買商品存貨均以現金付款，銷貨則採賒銷方式，該公司本年度之存貨週轉率為 22，應收帳款週轉率為 12，則其存貨週轉天數為？（假設一年以 365 天計算）　(A)16.6 天　(B)47 天　(C)34 天　(D)30.4 天。　【證券商業務員測驗】

( ) 31. 御風公司現有流動資產包括現金$400,000，應收帳款$800,000，及存貨$300,000。已知該公司流動比率為 2.5，則其速動比率為（假設無其他流動資產）？　(A)0.33　(B)1.33　(C)1.67　(D)2.00。　【證券商業務員測驗】

( ) 32. 某公司稅後純益為$240,000，利息費用$50,000，利息保障倍數為
何（稅率25%）？　(A)4.8　(B)5.8　(C)7.4　(D)5.4。
【證券商業務員測驗】

( ) 33. 下列何者是衡量投資報酬率的方式？　(A)銷貨收入除以總資產
(B)銷貨收入除以股東權益　(C)盈餘除以總資產　(D)盈餘除以銷貨
收入。　【證券商業務員測驗】

( ) 34. 一般而言，企業的流動比率應不小於 2，亦即企業的淨營運資金應
不少於：　(A)存貨的總額　(B)長期負債　(C)股東權益淨值　(D)流
動負債。　【證券商業務員測驗】

( ) 35. 下列有關總資產報酬率之敘述，何者不正確？　(A)分母為平均資
產總額　(B)分子為淨利加所得稅費用　(C)為衡量獲利能力的指標
之一　(D)為投資報酬率之一種。　【證券商業務員測驗】

( ) 36. 下列何種情況會增加每股盈餘？　(A)收入增加　(B)費用減少　(C)
流通在外股數減少　(D)選項(A)、(B)、(C)皆會增加每股盈餘。
【證券商業務員測驗】

( ) 37. 已知威爾公司賒銷淨額為$10,000，平均應收帳款$2,000，則其應
收帳款收款期間為何（一年365天）？　(A)60 天　(B)63 天　(C)70
天　(D)73 天。　【證券商業務員測驗】

( ) 38. 皇后公司向銀行借款$5,000,000，並以廠房作擔保，這項交易將在
現金流量表中列作：　(A)來自營業活動之現金流量　(B)來自投資
活動之現金流量　(C)來自籌資活動之現金流量　(D)非現金之投資
及籌資活動。　【證券商業務員測驗】

( ) 39. 下列何種現金流量，其活動為經常發生，且較能預測短期現金流
量？　(A)投資活動現金流量　(B)籌資活動現金流量　(C)營業活動
現金流量　(D)沒有這樣的活動。　【證券商業務員測驗】

( ) 40. 下列何者非財務報告分析時之限制？ (A)各公司所採用的會計方法未必相同 (B)沒有不動產、廠房及設備現值之資料 (C)無法做量化的分析 (D)會計個體前後期不一致。 【證券商業務員測驗】

( ) 41. 下列何項目不屬於衡量短期償債能力之指標？ (A)流動比率 (B)負債比率 (C)速動比率 (D)變現力指數。 【證券商業務員測驗】

( ) 42. 下列何者指標不具獲利能力分析價值？ (A)純益率 (B)毛利率 (C)營業費用對銷貨淨利之比率 (D)存貨週轉率。

【證券商業務員測驗】

( ) 43. 現金流量表上的主要項目包括： (A)來自營業活動之現金流量 (B)來自籌資活動之現金流量 (C)來自投資活動之現金流量 (D)選項(A)、(B)、(C)皆是。 【證券商業務員測驗】

( ) 44. 在其他條件相同下，交易較不活絡的股票，投資人可接受的本益比： (A)較大 (B)不一定，視總體環境而定 (C)較小 (D)不一定，視投資人風險偏好而定。 【證券商業務員測驗】

( ) 45. 財務比率分析並未分析下列公司何項財務特質？ (A)流動能力與變現性 (B)槓桿係數 (C)購買力風險 (D)獲利能力的速度。

【證券商業務員測驗】

( ) 46. 下列何組財務比率能協助公司評估短期償債能力？ (A)存貨週轉率、應收帳款週轉率 (B)負債比率、資產週轉率 (C)流動比率、速動比率 (D)資產週轉率、固定資產週轉率。 【台電】

( ) 47. 假設稅後純益為 30 萬，所得稅稅率為 25%，利息費用為 5 萬，則利息保障倍數為 (A)6 倍 (B)7 倍 (C)8 倍 (D)9 倍。 【台電】

( ) 48. 台本公司股票目前市價是 1 股 60 元，最近 4 季的稅前淨利每股 3 元，該公司所得稅率是 25%，則台本股票本益比是多少？ (A)20 倍 (B)26.67 倍 (C)1/20 (D)1/26.67。 【高考】

(　) 49. 某公司的本益比是 18，ROE 是 12％，則該公司的市價對帳面價值比是多少？　(A)0.18　(B)1.12　(C)3　(D)2.5　(E)2.16。

【台電、中油】

(　) 50. 依杜邦等式(Du Pont Identity)，如果某公司的股東權益乘數為 1.75，總資產週轉率為 1.20，邊際利潤率為 8.5％，則 ROE 為多少 ？　(A)17.85％　(B)18.50％　(C)19.25％　(D)20％ (E)20.15％。

【台電、中油】

(　) 51. 下列哪一項是影響企業市價對帳面價值比最關鍵的因素？　(A)銷售成長率　(B)營運槓桿率　(C)負債比率　(D)股東權益報酬率。

【高考】

(　) 52. 一個公司的淨值是由下列何者所組成的？　(A)普通股資本的帳面價值　(B)票面價值加上資本公積　(C)普通股資本的帳面價值減去特別股　(D)普通股資本的帳面價值加上特別股。

【高考】

(　) 53. 東山企業的流動資產為 500 萬元，長期負債為 500 萬元，股東權益為 300 萬元，流動比率為 1，計算其負債比率為何？　(A)88％ (B)77％　(C)66％　(D)130％。

【普考】

(　) 54. 南山企業 2018 年年底流動資產為 20 萬元，流動負債為 10 萬元，存貨為 5 萬元，預付款為 3 萬元，有價證券為 1 萬元，則其速動比率為：　(A)2.0　(B)1.5　(C)1.2　(D)1.1。

【普考】

(　) 55. 中和公司某會計年度之期初存貨為 $600,000，期末存貨為 $1,000,000，本期進貨$12,400,000。請問中和公司之存貨轉換期為幾天？　(A)18　(B)24　(C)36　(D)48。

【高考】

(　) 56. 下列有關一企業的資產負債表分析敘述，何者錯誤？　(A)我們可以由流動性比率看出企業的短期償債風險　(B)在資產報酬率高於舉債資金成本前提下，負債比率越高，股東權益報酬率越高　(C)

經營風險高的企業，應該採取低財務槓桿策略，以維持企業適當總風險水準　(D)一般而言，企業的流動性比率越高，總資產的報酬率越低　(E)一公司總資產報酬率和一公司舉債程度成正向關係。

【台大財金】

(　) 57. 股東權益報酬率應是下列哪兩項的乘積？　(A)總資產週轉率及毛利率　(B)總資產報酬率及權益乘數　(C)毛利率及權益乘數　(D)總資產週轉率及毛利率之倒數。　　　　　　　　　　　　　　【中山財管】

二、問答及計算題

1. 某公司 2017 年賒銷總額 300 萬，平均應收帳款 50 萬，2018 年預期賒銷金額及應收帳款平均收現期間均增加 50%，則該公司 2018 年平均應收帳款餘額較 2017 年增加多少？（1 年以 360 天計算）　【台電、中油】

2. 甲公司部分財務比率如下：負債比率＝50%，速動比率＝0.8，總資產週轉率＝1.5，存貨週轉率＝5，平均收帳時間＝20 天。全年營業收入為 18 萬元，營業毛利為零，該公司的營業利潤邊際為 10%，全年以 360 天計。請出示計算過程並依以下資產負債表形式填妥答案。　【基層特考】

現金	(　)	應付帳款	(　 　)
應收帳款	(　)	長期負債	40,000
存貨	(　)	普通股($10per)	(　)
固定資產	(　)	保留盈餘	6,000

3. 下表列出三家上市公司在 2018 年底部分財務報表數字（單位：百萬元）。請解釋為什麼不同的公司會持有不同的應收帳款餘額。

公司	台泥	味全	遠東百貨
應收帳款	$ 2,856	$ 1,629	$ 910
資產總額	66,017	14,728	27,577
流動負債	5,347	5,448	6,304
營業收入淨額	17,128	7,825	20,994
營業成本	15,259	4,871	17,021
營業費用	810	2,619	3,790

【基層特考】

4. 某公司部分財務資料如下：

存貨	$ 260,250	營業費用	$ 525,000
長期負債	300,000	應付票據（到期）	187,500
利息費用	5,000	銷貨成本	937,500
累計折舊	442,500	廠房設備	1,312,500
現金	180,000	應付帳款	168,750
銷貨	1,500,000	有價證券	95,000
普通股	800,000	預付保險費	80,000
應收帳款	225,000	應付薪資	65,000
保留盈餘	135,000	淨利	26,750

請計算下列比率：

(1) 流動比率。

(2) 該公司之股東權益報酬率(ROE)是大於、等於或小於其總資產報酬率(ROA)？為什麼？請具體計算說明。 【退除】

5. 試列出計算流動比率的公式，並說明流動比率是否越高越好？為什麼？

【普考】

6. 試說明下列財務指標之計算式及意義：

(1) 本益比。

(2) 股東權益報酬率。

(3) 賺得利息倍數。

(4) 存貨週轉率。 【普層特考】

7. 試指出下列各個交易事件的發生對流動資產、流動比率及淨利的影響。試用(＋)號代表正面影響，用(－)號代表負面影響，用(○)代表沒有影響。在作答時，假定原來的流動比率大於 1，並在必要時，說明您的假設。

	流動資產	流動比率	淨利
(1) 以短期本票支付已到期的應付帳款			
(2) 以長期本票支付已到期的應付帳款			
(3) 將已折舊完畢的固定資產報銷掉			
(4) 將應收帳款收現			
(5) 以短期票據購買設備			
(6) 以信用購買的方式買進商品			

【退除】

8. 甲、乙兩公司之資產負債表及損益表列述如下：

甲公司

資產負債表

資產	負債及股東權益	
$4,200,000	流動負債	$ 300,000
	長期負債	1,500,000
	普通股	1,800,000
	保留盈餘	600,000

乙公司

資產負債表

資產	負債及股東權益	
$4,200,000	流動負債	$ 500,000
	長期負債	3,000,000

甲公司

損益表

稅前息前利潤	$820,000
利息費用	(150,000)
	$670,000
所得稅(40%)	(268,000)
淨利	$402,000

乙公司

損益表

稅前息前利潤	$820,000
利息費用	0
	$820,000
所得稅(40%)	(328,000)
淨利	$492,000

試問：

(1) 從總資產報酬率來看，哪一家公司獲利能力較佳？

(2) 從股東權益報酬率來看，哪一家公司獲利能力較佳？

(3) 甲、乙兩公司之每股盈餘(EPS)各為何？ 【原住民】

9. 請以流動比率來說明風險與報酬的關係。 【南華財管】

Chapter **03**

貨幣時間價值

Financial Management :
Theory and Practice

　　貨幣的時間價值是指貨幣在「現在」、「過去」及「未來」三個不同時間點，各有不同的購買力。而造成其會有不同的購買力的原因，即是因為利息，利息的高低，代表時間價值的不同。在財務管理的領域裡，未來的貨幣即是在未來的時間點上「預期」會收到的現金流量。可以用「複利現值」、「複利終值」、「年金現值」、「年金終值」等，來介紹貨幣的時間價值。而貨幣的時間價值又與三個變數有關，分別是「金額」、「時間」及「利率」。

1. **若依貨幣時間點的不同**：可以分為「現值價值」及「終值價值」。

2. **若依現金流量型態不同**：可以分為「單筆現金」及「年金」。

3. **若兩者（時間及現金流量型態）同時考慮**：即如上述，可以分為「複利現值」、「複利終值」、「年金現值」及「年金終值」。

3-1　終值與現值

1. **終值(future value, FV)或複利終值**

　　終值是指貨幣在未來特定時點的價值，包含目前貨幣的價值及經過複利之後所產生的利息。

$$FV_n = PV_0(1+r)^n$$

（ r＝利率 ）

小試身手 ①

　　小李向朋友借 1 萬元，年利率為 20%，期限為 2 年半，半年計息一次，則小李需還多少錢？

2. 現值(present value, PV)或複利現值

現值是指未來的貨幣在今日的價值,而終值是指貨幣在未來時間的價值。

$$PV_0 = \frac{FV_n}{(1+r)^n}$$

將終值轉換成現值的過程,稱為折現(discounting),所使用的利率,稱為折現率(discount rate),例如:上述之「r」。折現的意義在於將未來不同時點的貨幣價值轉換到今日的價值,可以幫助在相同時點上,所進行價值大小的比較,在財務管理的領域非常廣泛,例如:股票、債券等的評價。

 小試身手 ②

如果小李兩年半後,只能還 15,000 元,條件延續上例,則小李最多可以借多少?

在了解現值與終值之定義後,讓我們再來討論下列二種不同的情況:年金現值及年金終值。而這四種不同的情況,便可解決所有相關的財務管理的問題。

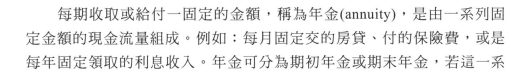

3-2 年金現值

每期收取或給付一固定的金額,稱為年金(annuity),是由一系列固定金額的現金流量組成。例如:每月固定交的房貸、付的保險費,或是每年固定領取的利息收入。年金可分為期初年金或期末年金,若這一系

列固定金額的現金流量皆發生在「各期期末」，稱為期末年金，又叫普通年金(ordinary annuity)或是遞延年金(deferred annuity)。若是發生在「各期期初」，則稱為期初年金或到期年金(annuity-due)。年金也可計算其現值及終值，年金現值代表未來收取或給付一系列現金流量的現在價值，年金終值則是這一系列現金流量換算到未來某個時點的價值，根據這些定義與觀念，可以用來計算下列的年金現值。

一、期末年金現值

期末年金現值是指每期期末一系列固定金額的收取或給付之「現在價值」，其公式如下：

$$
\begin{aligned}
期末年金現值 &= \frac{PMT}{(1+r)^1} + \frac{PMT}{(1+r)^2} + \cdots + \frac{PMT}{(1+r)^n} \\
&= PMT \times \left[\frac{1}{1+r} + \frac{1}{(1+r)^2} + \cdots + \frac{1}{(1+r)^n} \right] \\
&= PMT \times \left[\frac{1}{r} - \frac{1}{r(1+r)^n} \right] \\
&= PMT \times 年金現值係數 \\
&= PMT \times PVIFA(\%, n)
\end{aligned}
$$

（ n ＝期數， r ＝利率）

可以利用本書附錄之年金現值表，查出年金值係數求算之，其中PMT 為定期收取或給付金額。所以依上述公式，若其他條件不變，固定期數(n)固定，折現率(r)越大，則年金現值係數越小。折現率固定，期數越長，年金現值係數越大，定期支付越大，年金現值也越大。如下圖，若利率為 5%，未來 8 年，每年年底將定期支付 100 萬元，則期末年金現值為：

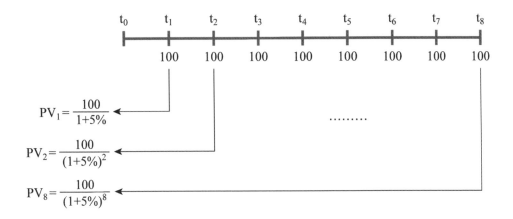

$$期末年金現值 = \sum_{t=1}^{8} PV_t \ (\, n = 8, \quad i = 5\% \,)$$

$$= 100 \times 6.4632$$

$$= 646.32 \ (\,萬元\,)$$

小試身手 ③

若有個 10 年期的年金,每期 2,000 元,年利率為 15%,第一次付息是本年年底,則此年金的現值為多少?

二、期初年金現值

現金流量於期初支付者,稱為期初年金,其計算方式與期末年金現值類似,但因此年金現金流出的時點為「各期期初」,所以會比期末年金少折現一次,因此期初年金現值較期末年金現值多了一期時間價值,其公式如下:

$$期初年金現值＝期末年金現值×(1+r)$$
$$＝PMT×年金現值係數×(1+r)$$

（ n＝期數， r＝利率）

如前例：

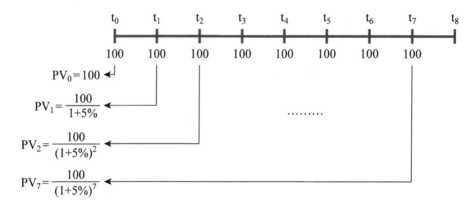

$$\sum_{t=1}^{n-1} PV_t ＝期初年金現值$$
$$＝100×年金現值係數×(1+5\%)$$
$$＝100×6.4632×(1+5\%)$$
$$＝678.64 （萬元）$$
（ n＝期數， r＝利率）

三、永續年金現值

　　期初年金現值與期末年金現值都有固定的期數，若此時 n 為無限期，即 n→∞，則該年金現值，即為永續年金現值，其計算方式為：

$$永續年金現值＝\frac{PMT}{1+r}+\frac{PMT}{(1+r)^2}+\cdots+\frac{PMT}{(1+r)^n}$$
$$＝\frac{PMT}{r}$$

如前例，若年利率為 5%，每年年底需支付 100 萬元，直到永遠，則其永續年金現值為：

$$\frac{1,000,000元}{5\%} = 20,000,000元$$

3-3　年金終值

一、期末年金終值

年金終值與終值的關係，類似年金現值與現值的關係。只需將一系列固定金額現金流量的終值找出來，再予以加總，即可求得年金終值。根據現金流量發生的時點，同樣可分為期末年金終值與期初年金終值，若發生在期末，即為期末年金終值，發生在期初，稱為期初年金終值。例如利率為 5%，每年年底支付 100 萬元，共計 8 年，則期末年金終值為：

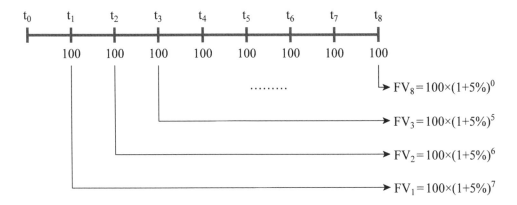

$$期末年金終值 = \sum_{t=1}^{8} FV_t = 954.91$$

期末年金終值除了個別計算各期現金流量終值並加總外，也可利用年金終值表，查出年金終值係數（n＝期數，r＝利率）求之：

$$期末年金終值 = PMT(1+r)^{n-1} + PMT(1+r)^{n-2} + \cdots + PMT(1+r)^0$$
$$= PMT \times \sum_{t=1}^{n}(1+r)^{n-t}$$
$$= PMT \times 年金終值係數$$

若其他條件不變，期數(n)固定，利率(r)越高，則年金終值係數越大。利率固定，期數越長，年金終值係數越大。定期支付越大，年金終值也越大。

二、期初年金終值

若每期期初以一系列固定金額支付，複利到最後一期的價值，稱為期初年金終值，其定期支付發生在各期期初，比期末年金終值多複利一次，所以價值比期末年金終值高了一期。

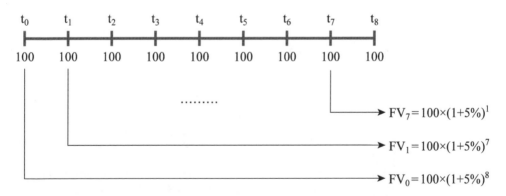

$$期初年金終值 = \sum_{t=0}^{n-1}FV_t$$
$$= 期末年金終值 \times (1+r)$$
$$= PMT \times 年金終值係數 \times (1+r)$$

　　如上例，若年利率為 5%，每年年底支付 100 萬，共計 8 年，則其期初年金終值為：

$$954.91 \times (1+5\%) = 1002.66 \ （萬元）$$

習題 | Exercise

一、選擇題

( ) 1. 假設投資者將每一期所得再投資於下一期,其計算每期損益的觀念
為何? (A)單利 (B)複利 (C)選項(A)、(B)皆是 (D)選項(A)、(B)
皆非。 【證券商業務員測驗】

( ) 2. 投資三要素,指的是報酬、風險和: (A)政策 (B)時間 (C)市場
(D)景氣。 【證券商業務員測驗】

( ) 3. 在年利為 6% 的假定下,若你希望 10 年後,可以領到 1,000,000
元,那現在應存多少錢到銀行戶頭裡? (A)625,484 (B)601,941
(C)558,400 (D)578,457 (E)以上皆非。

( ) 4. 甲公司發行 5 年期面額 100 萬元不付息債券,目前市場利率 4%,
則 此 一 債 券 目 前 市 價 約 為 何 ? (A)822,000 (B)855,000
(C)1,040,000 (D)962,000。 【理財規劃人員證照－第 17 屆】

( ) 5. 假設 35 歲的小王想要在 60 歲退休時擁有 2,000 萬元,若某金融
商品年投資報酬率為 5%,則其目前應準備多少資金投資於該商
品?(取最近值) (A)585 萬元 (B)590 萬元 (C)595 萬元
(D)600 萬元。 【理財規劃人員證照－第 8 屆】

( ) 6. 小李把今年的年終獎金 20 萬元拿去投資基金,若年平均報酬率為
10%,4 年以後,小李可累積的金額為多少?(取最近值)
(A)240,000 (B)270,000 (C)290,000 (D)320,000。
【理財規劃人員證照－第 5 屆】

( ) 7. 小陳買一筆躉繳型儲蓄險,繳交保險費 1,000,000 元,20 年後,
到期還本共可拿回 1,800,000 元,則其年平均報酬率約為多少?
(取最近值) (A)2% (B)3% (C)4% (D)5%。
【理財規劃人員證照－第 5 屆】

( ) 8. 假設 60 歲退休，預估退休後，每個月生活費要 40,000 元，1 年需要 480,000 元，目前國人平均壽命 75 歲，若折現率為 5%，則需準備多少退休金才夠用？（取最近值） (A)6,780,000 (B)4,500,000 (C)4,980,000 (D)7,200,000。

( ) 9. 老張剛退休，手邊有 1,000 萬元退休金，預估到終老前還有 25 年，期間年投資報酬率為 5%，試問在此情形下，老張每月平均生活費預算（採期末支付），應為下列何者？（取最近值） (A)49,000 (B)59,000 (C)69,000 (D)79,000。
【理財規劃人員證照－第 17 屆】

( ) 10. 當保費採「期初」年金方式，年繳 70,000 元，期間 15 年，在報酬率 7% 下，如改採躉繳方式繳納，其金額為何？（取最近值） (A)602,000 (B)642,000 (C)682,000 (D)722,000。

( ) 11. 小林每年投資 60,000 元，若年平均報酬率為 8%，則投資 15 年後，可累積多少金額？ (A)153 萬元 (B)163 萬元 (C)173 萬元 (D)183 萬元。
【理財規劃人員證照－第 7 屆】

( ) 12. 老王計畫 10 年後購屋，資金來源除了現有儲蓄 200 萬元外，每年均儲蓄 24 萬元，此期間年投資報酬率為 10%，試問 10 年後所購屋價格在每年 2% 通貨膨脹率情況下，約為現在價值多少？（取最近值） (A)643 萬元 (B)739 萬元 (C)827 萬元 (D)901 萬元。
【理財規劃人員證照－第 12 屆】

( ) 13. 老李計畫每年年初年繳保費 15 萬元，繳期 9 年，在內含年報酬率 8% 的情形下，屆時期末（第 9 年年底）可領回多少金額？（取最近值） (A)182.3 萬元 (B)192.3 萬元 (C)202.3 萬元 (D)212.3 萬元。
【理財規劃人員證照－第 9 屆】

( ) 14. 甲預計 15 年後退休，預計屆時應有 500 萬元作為退休後生活費用，若定期定額基金平均報酬率 6%，則每年「年初」應投資金額

約為何？　(A)227,118 元　(B)214,814 元　(C)194,757 元　(D)202,651 元。　　　　　　　　　　　　　【理財規劃人員證照－第 18 屆】

(　) 15. 老陳計畫在每年年初時投資某金融商品 20 萬元，期限 10 年，在年報酬率為 5% 之情形下，屆時期末（第 10 年年底）可領回多少金額？　(A)264.14 萬元　(B)251.56 萬元　(C)247.37 萬元　(D)235.72 萬元。　　　　　　　　　　　【理財規劃人員證照－第 16 屆】

(　) 16. B 擬購買期限為 5 年之某金融商品，預計到期時可領回 25 萬元。假設其繳費方式為每季一期，每期期初繳納 10,468 元，在折現率利率 4% 且不考慮稅負下，計算該金融商品是否值得購買，又其費用現值為何？　(A)不值得，208,423 元　(B)值得，190,790 元　(C)不值得，211,537 元　(D)值得，187,910 元。

【理財規劃人員證照－第 6 屆】

(　) 17. C 於年初至銀行辦理一筆期限 1 年，共分 12 期之零存整付存款，約定於該年每個月初存入 5 萬元，存款年利率固定為 12%，則該存款到期時，C 可獲得之本利和為何？　(A)63.42 萬元　(B)64.05 萬元　(C)64.83 萬元　(D)65.57 萬元。【理財規劃人員證照－第 8 屆】

(　) 18. D 自民國 106 年起，每年年底投資 100 萬元於某基金（每年複利一次），而凡逢每季季初另再投資 30 萬元於另一基金（每季複利一次），假設年投資報酬率固定為 8%，預計 110 年年底其投資總市值為多少？　(A)1,315 萬元　(B)1,320 萬元　(C)1,325 萬元　(D)1,330 萬元。　　　　　　　　　　　【理財規劃人員證照－第 12 屆】

(　) 19. 有關貨幣的時間價值，下列敘述何者錯誤？　(A)終值是未來某一時點，以當時幣值計算的價值　(B)現值是以目前幣值計算的現在價值　(C)年金終值表示每年收取或給付的錢，在經過一段時間後，所能累積的金額　(D)年金現值是把未來某一時點的幣值折現為目前的價值。　　　　　　　　　　　　　【理財規劃人員證照－第 6 屆】

（　）20. 有關貨幣時間價值的運用，下列敘述何者錯誤？　(A)整存整付定期存款到期本利和之計算可運用複利終值　(B)零息債券目前價值之計算可運用複利現值　(C)房貸本利平均攤還額之計算可運用年金終值　(D)籌措退休後生活費用總額之計算可運用年金現值。

【理財規劃人員證照－第 5 屆】

（　）21. 有關複利現值係數與複利終值係數，下列敘述何者正確？　(A)複利終值係數＋複利現值係數＝1　(B)複利終值係數／複利現值係數＝1　(C)複利終值係數×複利現值係數＝1　(D)複利終值係數－複利現值係數＝1。　　　　　　　　　　　　　　　　　【理財規劃人員證照－第 13 屆】

（　）22. 在一個保證收益率 14％，且每年複利的投資方案中，若不考慮租稅因素，要多久時間才可得到總數為原始投資金額兩倍之回收？
(A)約 3.5 年　(B)約 5 年　(C)正好 7 年　(D)約 10 年。　　【高考】

（　）23. 假若年初您在郵局存了一筆 1 萬元的 2 年期定存，半年複利一次，到期時您領回 11,700 元，則此定存單之年利率為：　(A)4.0%
(B)4.5%　(C)5.0%　(D)8.0%。　　　　　　　　　　　　　　【高考】

（　）24. 未來 3 年每年可回收 1 萬元的投資計畫，其現值為（年利率以 10% 計算）：　(A)24,868 元　(B)25,777 元　(C)27,355 元
(D)28,699 元。　　　　　　　　　　　　　　　　　　　　　　【高考】

（　）25. 年利率 10％，每年複利計算，3 年後償還本金 1 萬元的債券，其現值為：　(A)7,513 元　(B)8,638 元　(C)7,462 元　(D)13,310 元。

【高考】

（　）26. 甲向乙借款 1 萬元，言明 5 年後償還，年利率為 10％，每年複利計算一次，則此貸款的終值為：　(A)15,000 元　(B)16,105 元
(C)13,310 元　(D)16,289 元。　　　　　　　　　　　　　　　【高考】

（　）27. 有一個 5 年期的年金，每期 1,000 元，利率 10％，第一次付款日是今天，請問此年金的總現值是（選最接近者）：　(A)3,169.87 元
(B)3,790.79 元　(C)4,169.87 元　(D)4,790.79 元。　　　　　　【高考】

( ) 28. 投資 5,000 元，有效年利率為 12.36%，1 年半後的到期值為多少？（利息每半年複利一次，選最接近者） (A)5,600 元 (B)5,618 元 (C)5,686 元 (D)5,955 元。 【高考】

( ) 29. 張三向李四借 1 萬元，言明 3 年後還款，年利率 10%，以複利計算。3 年後此貸款的終值是多少元？ (A)12,100 元 (B)13,000 元 (C)13,100 元 (D)13,310 元。 【高考】

( ) 30. 年初時您在台灣銀行買了一張 1 萬元 1 年定存單，1 年後您領回 1 萬 1,000 元，如果利息是以每半年複利一次的方式計算，則此定存單之年利率為： (A)10.52% (B)10% (C)9.76% (D)9%。

【高考】

( ) 31. 如果每年複利一次，則要使價值增加一倍，名目利率與複利期間兩個數字之積大致等於： (A)72 (B)36 (C)24 (D)12。【政大財管】

二、問答及計算題

1. 莊子齊物論有云：「狙公蓄猴，日飼桃七，朝三暮四，眾猴不悅，朝四暮三，眾猴皆悅。」若考慮時間價值，假設朝暮間貼現率為正，試以財務管理觀點探討莊子所言是否有理。 【台大財金所】

2. 林小玲目前在一家外商公司擔任財務專員工作，每月薪水為 6 萬元。因為渴望有一個舒服的窩，她積極想要購買一間房子，她目前手邊共有142 萬元存款，她打算除保有生活週轉金 12 萬元外，其餘皆作為購屋使用，她估計房屋裝潢款與相關過戶稅金等費用約為 30 萬元，她也準備除動用自備款外，購屋款不足金額全向銀行貸款；她希望在購買一個舒服住家之餘，能有一個較寬裕的優質生活，因此希望每月貸款支付額為薪水的 1/3，預計貸款期間為 20 年，若目前林小玲向銀行貸款可獲得的利水準為年利率 4%（銀行貸款係每月底支付一次，且在貸款期間中每月貸款償還金額皆為固定金額），請問林小玲可以購買的房屋總價為何？

【中原國貿所】

3. 何謂永續年金？ 　　　　　　　　　　　　　　　　　　　【高考】

4. 何謂年金？ 　　　　　　　　　　　　　　　　　　　　　【普考】

5. 若您目前急需用錢，不得已向地下錢莊借了 5 萬元，契約明訂每借 1 萬元，日還利息 15 元（即按日付息），則此契約之有效利率應該是多少？

　　　　　　　　　　　　　　　　　　　　　　　　　　【朝陽財金所】

6. 假設您已屆退休年齡，您可以選擇甲案：現在一次領取 200 萬元退休金；或乙案：分二次領，現在領 100 萬元，1 年後領 105 萬元；或丙案：每年領 19 萬元的終生俸，1 年後開始領取，直到過世為止。如果您的折現率為 10％，您應當選擇何案？ 　　　　　　　　　　【高考】

MEMO

Chapter 04

風險與報酬

Financial Management :
Theory and Practice

4-1　風險之意義與種類

　　所謂風險(risk)，是對於不利事件發生的不確定性，也就是會造成特定損失或傷害的意外事件發生的可能性。就財務管理而言，發生財務風險之不確定性，是無法避免的。但只要能了解它、控制它、規避它，即可使企業財務風險所導致的財務危機機率降低，一般來說，風險可分為兩大類。

一、系統風險(systematic risk)

　　系統風險是指整個市場或是投資組合，都會遭遇的風險，且其足以影響金融市場中所有資產或金融工具報酬的非預期事件，其衝擊是屬於全面性的，主要包含經濟成長、利率、匯率與物價的波動或政治因素的干擾等。因為總體因素導致報酬率之波動，而且無法藉由分散其投資標的來降低其風險，所以又稱為不可分散之風險(non-diversifiable risk)或是市場風險(market risk)。

二、非系統風險(non-systematic risk)

　　非系統風險是指總體經濟以外之因素，而導致報酬率之波動，因其可藉由分散投資標的來降低風險，又稱為可分散風險(diversifiable risk)。其是屬於個別資產或少數資產所特有的風險，不是整個市場所共同面對的風險，故稱為非系統風險。

　　所以基本上風險可以歸類為上述兩大類，在定義風險的過程中，總是會提到報酬率，若換一個方式來解釋風險，即：在財務管理的過程中，若實際報酬率與預期報酬率間產生差異的可能性越高時，表示風險越大，反之，則風險越小。一般而言，資金成本會決定於風險程度，在一個投資標的非常多的市場，各項資產之非系統風險，可以透過多角化

分散掉，所以證券發行者不會對此風險提供任何補償。因此，決定必要報酬率的是個別資產的系統風險，也就是說任何一家企業之資金成本是決定於該企業之系統風險。

至於系統風險該如何衡量呢？因為系統風險之所以無法消除，必是一些原因使整個投資組合內所有之資產同時漲，也同時跌，無法互相抵消，市場內之因素錯綜複雜，例如：利率、匯率、投資、國內生產毛額、油價等，很難判斷哪些因素會影響系統風險，因此在衡量系統風險時，是採取共變觀測法，因為當個別資產之報酬率與市場之報酬率息息相關時，表示該資產之系統風險越高。反之，如果個別資產與市場之報酬率關聯性不大時，表示其系統風險較小。

現整理在市場中，常見的風險來源：

一、流動性風險(liquidity risk)

流動性風險是指企業將資產轉換成現金之速度快慢所隱含之風險，或是企業現金流入無法支應現金流出，發生週轉不靈的風險。所以觀察流動性風險，最常用的指標即是流動比率、速動比率及現金流量比率。一般而言，上市（櫃）股票的體質較佳，資訊較透明，市場的參與程度（可以用「成交量」為衡量指標）較未上市（櫃）股票高，因此有較好的流動性，所以其流動性風險較低。

二、違約風險(default risk)

違約風險是指企業向外舉債的風險，舉債較高的企業，在銷售量穩定成長時，支付利息的壓力自然較低。但若景氣衰退，銷售量減少，卻又有利息支付的壓力，很容易有資金週轉困難的風險，若無法以現金支付利息或償還本金，即構成違約，嚴重時可能會使企業宣告破產或倒閉，此即違約風險，又稱為信用風險(credit risk)或財務風險(financial risk)。

　　針對信用風險，許多信用評等機構會給予信用等級，等級越高，表示信用風險越低。例如：中華信用評等公司之最佳長期信用等級為 twAAA，最佳短期信用等級為 twA-1。而信用等級在 BB（S&P 公司及惠譽）或 twBB（中華信用評等）或 Ba（Moody's 穆迪公司）以下者（含），稱為垃圾債券(junk bond)，代表違約風險極高，為投機型債券。

三、利率風險(interest rate risk)

　　利率風險是指利率變動造成實質報酬率變化所產生的風險，一般而言，利率變動對實質報酬率所反映的資產價值之影響是反向的，也就是說，在其他條件不變之情況下，利率上升，會使資產價值下跌；利率下跌，會使資產價值上升，因此利率會造成報酬率之不穩定，因此稱之為利率風險。而利率波動的影響會隨著各種資產的特性而有所不同，例如與利率關係密切的債券，受利率波動的影響則較為直接。

四、通貨膨脹風險(inflation risk)

　　通貨膨脹風險是指因為物價上漲，而導致持有貨幣性資產價值下跌，所以又稱之為購買力風險(purchasing power risk)。若通貨膨脹越高，風險就越大，反之就越小；若通貨膨脹穩定，就沒有購買力風險。

五、企業風險(business risk)

　　企業風險是指企業的營運因為景氣的波動、公司管理的能力、生產規模等，使得營業利潤受到不利的影響，所以又稱為營運風險(operation risk)。當經濟景氣轉壞時，企業的營運風險最大，反之，則最小。若考慮企業之總風險，則包括了財務風險，那麼企業之總風險 = 營運風險 + 財務風險。

六、匯率風險(exchange rate risk)

匯率風險是指匯率波動使資產價格產生變動的風險。匯率的升貶會直接影響進出口廠商的營運與獲利能力,進而使其發行的證券價格產生波動。

七、到期期間風險(maturity risk)

有些金融工具會有到期期間,則到期期間越長,其風險越高。例如有的債券到期期間較長,其風險(如利率風險)較高,因此長期債券,通常必須付出比短期債券較高的利息,以補償投資人承擔額外的風險。

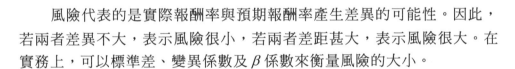

4-2　風險的衡量方式

風險代表的是實際報酬率與預期報酬率產生差異的可能性。因此,若兩者差異不大,表示風險很小,若兩者差距甚大,表示風險很大。在實務上,可以標準差、變異係數及 β 係數來衡量風險的大小。

一、標準差(standard deviation)

標準差是由變異數開根號而得,而變異數是指一組數值與其期望值之差異平方的平均數,所以標準差即是各種結果與期望值間平均差異的大小。標準差越大,代表報酬率的波動程度大,風險就越大。反之,標準差越小,代表報酬率的波動程度越小,風險就越小。標準差之計算方式如下:

$$\sigma = \sqrt{\sum_{i=1}^{n} \left[R_i - E(R_i) \right]^2 \times \Pr obi}$$

例如有一公司所處產業未來的景氣情況與該股票可能得到的報酬如下:

▼ 表 4-1

產業景氣的變化	發生機率	可能報酬率
成長	0.6	30%
持平	0.3	5%
衰退	0.1	−10%

則其報酬率的標準差為：

$$\sigma = \sqrt{(0.3-0.185)^2 \times 0.6 + (0.05-0.185)^2 \times 0.3 + (-0.1-0.185)^2 \times 0.1}$$
$$= 14.67\%$$

其中預期報酬率 $= 0.3 \times 0.6 + 0.05 \times 0.3 + (-0.1) \times 0.1 = 0.185$

　　由於很多金融工具的報酬率很難取得，因此在實務上，多以歷史報酬率為樣本，來估計其標準差，因此上述公式可以改為：

$$\hat{\sigma} = \sqrt{\frac{\sum_{i=1}^{n}(R_i - \bar{R})^2}{n-1}}$$

　　其中 $\hat{\sigma}$ 為樣本標準差，R_i 為過去第 i 期的報酬率，$\bar{R}$ 為其平均報酬率，n 為取樣的期數，當取樣的期數越多，其估計的誤差值越小。

二、變異係數(coefficient variance)

　　是用來衡量每一單位預期報酬所需承擔的風險。當不同投資標的的報酬率相同時，標準差是衡量風險最佳的指標。但若上述前提不存在時，則需以變異係數來同化想要進行比較者的報酬基準，如此變異係數的公式如下：

$$變異係數\,(CV) = \frac{\sigma}{\mu}$$

其中 σ 為標準差，μ 為預期報酬率，將兩者相除，意指每單位預期報酬率下所承擔的風險。將標準差轉換為變異係數後，即可對兩個預期報酬率不同的金融工具進行比較。因此，在面對數種資產或是數種投資標的時，應選取變異係數最低的作為投資標的，降低所面臨的風險。

例如表 4-2 是 A、B 兩家公司的報酬與風險比較表。

▼ 表 4-2

	公司 A	公司 B
預期報酬率 (μ)	12%	10%
標準差 (σ)	0.6	0.4
變異係數 $(CV) = \dfrac{\sigma}{\mu}$	5	4

若單從報酬率來看，A 公司優於 B 公司，但若考量兩者之風險後，A 公司的變異係數是 5，表示想獲得 A 公司一單位的預期報酬率必須承擔 5 單位的風險，而 B 公司只須承擔 4 單位的風險，所以就單位報酬率來說，B 公司的風險較小。

小試身手 ①

分別有 A、B、C 三家公司，預期報酬率分別是 0.12、0.18、0.17，標準差分別是 0.05、0.06、0.08，則何者風險最小？

三、β 係數

如前所述，風險可以分為系統風險與非系統風險。當系統風險發生時，會影響市場所有投資標的價格的變動，所以無法透過多角化投資加以分散，因此影響層面較廣。反之，當非系統風險發生時，可能只影響

某一個單一投資標的的表現，例如：罷工、訂單流失、營運風險等，因此非系統風險可以透過多角化投資來加以分散，所以非系統風險又稱為公司特有風險(firm specific risk)或是可分散風險(diversifiable risk)。在實務上，以 β 係數來衡量系統風險，以標準差 Σ 來衡量總風險（總風險＝非系統風險＋系統風險）。β 係數是指當市場報酬率變動 1% 時，個別資產預期報酬率的變動幅度。變動幅度越大，表示個別資產報酬率對市場報酬率 (R_m) 的變動敏感幅度越大，反之，則越小。若有 A、B 兩種股票，其 β 係數分別是 0.5 及 1，代表當市場報酬率變動 1% 時，A 股票的預期報酬率會變動 0.5%，B 股票的預期報酬會變動 1%。

實務上，以大盤指數的報酬率來代替市場報酬率，再利用線性迴歸來計算 β 係數，因此：

$$\beta_i = \frac{COV(R_i, R_m)}{\sigma_m^2}$$

$$= \rho_{i,m} \times \frac{\sigma_i}{\sigma_m}$$

其中 $COV(R_i, R_m)$ 表示分別資產報酬率 (R_i) 與市場報酬率 (R_m) 的共變異數，而共變異數的公式為：

$$COV(R_i, R_m) = \frac{\sum_{t=1}^{N}(R_{i,t} - \bar{R}_i) \times (R_{m,t} - \bar{R}_m)}{N}$$

N 為母體數，若是取樣本共變異數，則其公式為：

$$C\hat{O}V(R_i, R_m) = \frac{\sum_{t=1}^{n}(R_{i,t} - \bar{R}_i) \times (R_{m,t} - \bar{R}_m)}{n-1}$$

n 為樣本數，另外，$\rho_{i,m}$ 是指相關係數，其計算方式為：

$$\rho_{i,m} = \frac{COV(R_i, R_m)}{\sigma_i \times \sigma_m}$$

由於我們多以個別資產的歷史報酬率為樣本，來估計其 β 係數，所以：

$$\hat{\beta}_i = \frac{\hat{COV}(R_i, R_m)}{\hat{\sigma}_m^2} = \frac{\sum_{t=1}^{n}(R_{i,t} - \bar{R}_i) \times (R_{m,t} - \bar{R}_m)}{\sum_{t=1}^{n}(R_{m,t} - \bar{R}_m)^2}$$

 ## 4-3 報酬率的定義與衡量方式

前面談到風險的概念時，多少都有提及報酬率。所謂的報酬率是指投入某種資產或是金融工具後，該資產或是金融工具所能產生的收益與投入成本之比率。所以：

$$報酬率 = \frac{投資收益}{投資成本} \times 100\%$$

投資收益可以分為兩種：一種是資本利得(capital gain)，是指因資產價值變化所產生的收益。另一種是其他收益，例如：股票的股利收入、債券的利息收入等，若將投資期間所有的投資收益加總，除以期初所投入的資金（即資產的期初價格），即可算出期間報酬率(holding-period return, HPR)，也就是從購入資產到出售獲利之期間為投資期間，其報酬率為期間報酬率，公式如下：

$$HPR = \frac{資產期末價格 - 資產期初價格 + 其他期間收益}{資產的期初價格} \times 100\%$$

舉例來說，小陳投資 200 萬元買台積電發行的年利率 8% 之公司債，投資期間為 1 年，若 1 年後小陳將其出售，得款 220 萬元，則計算報酬率時，應一併考量公司債的資本利得及該期間的利息收入 ($200×8\%=16$)，因此可得小陳的期間報酬率為：

$$\frac{220-200+16}{200}×100\%=18\%$$

在本例中，小陳出售時方可回收成本與利潤共 236 萬，因此報酬率為 18%，其表示小陳在持有此公司債期間所獲得的報酬率，稱為期間報酬率。在總報酬 36 萬元中，公司債價值由 200 萬元增長到 220 萬元，或成長了 10%，此經由資產價值改變所獲得的報酬為資本利得，虧損則稱為資本損失(capital loss)，另外，利息收入貢獻了 16 萬元，或是 8%，稱之為投資收益所得。

除了期間報酬率之外，報酬率還有實際報酬率與預期報酬率之分。實際報酬率是指投資資產或金融工具後，實際獲得的報酬率，是一種事後(ex post)或是已實現(realized)的報酬率。而預期報酬率(expected rate of return)是指投資人在投資資產或金融工具之前，預估未來可以獲得的報酬率，是一種事前(ex ante)的報酬率。實務上以期望值(expected value)來表達預期報酬率的觀念。其基本概念是指所有可能報酬率的加權平均值，也就是將所有可能的報酬率情況，乘上其對應情況的發生機率後再予以加總，即可得到報酬率的期望值，例如表 4-1 的情況，其預期報酬率為：

$$30\%×0.6+5\%×0.3+(-10\%)×0.1=18.5\%$$

而一般較常用來衡量歷史績效的方法，有算術平均法與幾何平均法兩種，兩種衡量方法，皆以期間報酬率(HPR)為衡量基礎。其公式如下：

$$算術平均報酬率 = \frac{\sum_{i=1}^{n} HPR_i}{n}$$

$$幾何平均報酬率 = \sqrt[n]{\prod_{i=1}^{n}(1 + HPR_i)} - 1$$

例如：投資台積電的股票 3 年，每年的期間報酬率分別為 26.25%、43.75%、–11.19%，則其算術平均報酬率為 (26.25% + 43.75% – 11.19%) / 3 = 19.6%，而幾何平均報酬率為：

$$\sqrt[3]{(1 + 26.25\%) \times (1 + 43.75\%) \times (1 - 11.19\%)} - 1 = 17.25\%$$

4-4　風險與報酬的關係

　　大家都聽過「高風險、高報酬；低風險、低報酬」。可知風險與報酬成正比，投資於預期報酬率較高的金融資產，必須承擔較高的風險；反之，投資於預期報酬率較低的金融資產，所需承擔的風險較低。

　　因此，理性的投資人具有風險規避的觀念，在相同預期報酬下，會選擇風險較低的金融工具；在相同風險下，會選擇預期報酬率較高的金融工具。所以，若金融工具本身隱含的風險較高，則需提供更高的預期報酬以作為投資人承擔高風險的「補償」，而以「補償」稱之為風險溢酬(risk premium)。例如：承擔市場風險，就需有市場風險溢酬(market risk premium)；流動性風險，就有流動性風險溢酬。而這些風險溢酬並非獨立於預期報酬率之外，而是「包含」在資產的預期報酬率當中，所以：

預期報酬率＝無風險實質利率＋通貨膨脹風險溢酬＋市場風險
溢酬＋違約風險溢酬＋流動性風險溢酬＋到期風
險溢酬

其中無風險實質利率並非指銀行所提供的存款或是貸款利率，而是指由國家所發行的短期國庫券，但其報酬率（利率）仍然包含通貨膨脹風險溢酬，所以將實質利率與通貨膨脹風險溢酬加總，稱之為名目利率(nominal interest rate)或是無風險利率(risk-free of interest)，我們將此視為進行投資時，至少必須獲得的報酬率，其公式如下：

實質利率＝名目利率－通貨膨脹率

1960 年代美國學者夏普(Sharpe)、特雷諾(Treynor)與莫辛(Mossin)發展出資本資產訂價模式(capital asset pricing model, CAPM)，探討一個已有效多角化，並達成投資效率的投資組合中，個別資本資產的預期報酬率與所承擔風險之間的關係，其公式如下：

$$E(R_i) = R_f + \beta_i \times (R_m - R_f)$$

其中 $E(R_i)$ 是指投資組合中第 i 個證券的預期報酬率

R_f 表示無風險利率

R_m 表示市場的預期報酬率

β_i 為系統風險指標

此公式說明個別證券的預期報酬率是由「無風險利率」和「風險溢酬」所組成。而「風險溢酬」指的就是 $\beta_i \times (R_m - R_f)$，表示此證券或是金融工具，在相當於 β_i 程度的系統風險下，應該提供市場平均溢酬水準 $(R_m - R_f)$ 較高或是較低的額外報酬。例如：市場提供 15% 的報酬，無風險利率為 8%，β 係數為 2，則市場即提供的風險溢酬應為 14%。

　　所以 CAPM 說明了特定金融工具報酬的結構與風險之間的關係。由 CAPM 的方程式可知風險與報酬是一種線性關係，若以 β 風險為自變數，預期報酬率為因變數，則可得到下圖中一條斜率為 $(R_m - R_f)$ 的直線，此稱之為證券市場線(security market line, SML)。

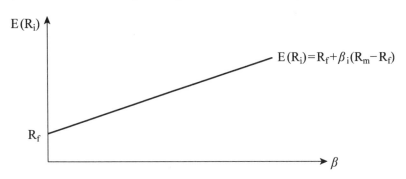

　　這條證券市場線包含下列幾種涵義：

1. 代表投資個別證券之必要報酬率

　　在這條直線上的每一個點，分別代表著不同系統風險的個別證券，並且指出投資該證券時最少應有的預期報酬率，此預期報酬率稱為必要報酬率(required rate of return)。

2. 代表證券市場供需運作的結果

　　在證券市場已達均衡時，只要個別證券能提供超過必要報酬率的預期報酬率，投資人即可投資該證券獲取超額報酬。

　　由於 CAPM 只考慮單一的風險因素來解釋證券的預期報酬率，史蒂芬‧羅斯(Steven Ross)提出了「套利訂價模型」(arbitrage pricing theory, APT)，主張影響證券預期報酬率的因素，不會只有市場投資組合報酬率這一項，應該有多個系統風險因子共同影響，例如：未預期的通貨膨脹率、長短期利率的差額、工業活動的產值水準、高風險與低風險公司債報酬率的差額等，若考慮了上述因子所提供的風險溢酬與無風險利率後，即為證券之預期報酬率，其公式如下：

$$E(R_i) = R_f + \beta_1 \times [E(R_1) - R_f] + \beta_2 \times [E(R_2) - R_f]$$
$$+ \cdots + \beta_n \times [E(R_n - R_f)]$$

其中 $E(R_i)$ 為第 i 個風險因子的報酬率

β_i 為證券對第 i 個風險因子的敏感係數

　　APT 說明了證券投資風險溢酬的來源，是各種系統風險因子給予的報酬補償，也就是說，證券的預期報酬率是由各項風險溢酬及證券對該風險溢酬之敏感性共同決定，而影響的風險因子可能有無限多個。

習題 | Exercise

一、選擇題

( ) 1. 投資報酬率標準差除以平均報酬率，係指：　(A)判定係數　(B)貝它係數　(C)相關係數　(D)變異係數。　　　　【證券商業務員測驗】

( ) 2. 投資風險性資產的報酬率與無風險利率的差額，稱之為：　(A)投資利得　(B)投資報酬　(C)風險溢酬　(D)風險係數。

【證券商業務員測驗】

( ) 3. 套利發生的主要原因在於：　(A)風險相同的證券提供一致的報酬率　(B)風險相同的證券提供不一致的報酬率　(C)相同報酬率的證券具有一致的風險　(D)選項(A)(B)(C)皆非。　　【證券商業務員測驗】

( ) 4. 當市場利率上升時，債券發行價格會下降，該類風險稱之為：(A)利率風險　(B)系統風險　(C)流動性風險　(D)購買力風險。

【證券商業務員測驗】

( ) 5. 「不要把所有的雞蛋放在同一個籃子裡」的投資策略可以降低何種風險？　(A)利率風險　(B)景氣循環風險　(C)系統風險　(D)非系統風險。　　　　　　　　　　　　　　　　　　　　　【證券商業務員測驗】

( ) 6. 假設小張偏好風險較低之投資工具，請問小張最不可能購買下列哪一種投資工具？　(A)普通股　(B)期貨　(C)公司債　(D)政府債券。

【證券商業務員測驗】

( ) 7. 投資者進行投資時，若可能最大報酬率與可能最低報酬率的差距越大時，表示風險？　(A)越大　(B)越小　(C)無關　(D)無法判斷。

【證券商業務員測驗】

( ) 8. 一般而言，投資下列金融工具的風險狀況依序為何？甲.短期公債；乙.股票；丙.認購權證；丁.長期公債　(A)丙＞乙＞丁＞甲(B)丙＞甲＞丁＞乙　(C)甲＞乙＞丙＞丁　(D)乙＞丁＞甲＞丙。

【證券商業務員測驗】

( ) 9. 下列何種風險通常包含於政府債券報酬當中？ (A)信用風險 (B)通貨膨脹 (C)到期風險 (D)違約風險。 【證券商業務員測驗】

( ) 10. 假設其他條件不變的情況之下，下列何者與債券利率風險呈反向關係？ (A)債券的到期日 (B)債券的票面利率 (C)債券的存續期間 (Duration) (D)債券發行公司的違約風險。 【證券商業務員測驗】

( ) 11. 市場投資組合的預期報酬率高過無風險利率的部分稱之為： (A)市場風險溢酬 (B)相對報酬 (C)無風險報酬 (D)選項(A)、(B)、(C)皆非。 【證券商業務員測驗】

( ) 12. 下列何者對「已實現報酬」之敘述有誤？ (A)過去之報酬或已賺得之報酬 (B)可用適當的資料來衡量 (C)將來一定會再發生 (D)對投資人來說是一重要的投資分析指標。 【證券商業務員測驗】

( ) 13. 下列何者風險屬於系統風險？ (A)贖回風險 (B)違約風險 (C)商業風險 (D)利率風險。 【證券商業務員測驗】

( ) 14. 政治動盪影響股市下跌，請問這屬於何種風險？ (A)利率風險 (B)違約風險 (C)市場風險 (D)事業風險。 【證券商業務員測驗】

( ) 15. 資本利得是指： (A)股利 (B)利息 (C)股利加利息 (D)賣價超過買價之金額。 【證券商業務員測驗】

( ) 16. 下列何者不為衡量風險的指標？ (A)貝它係數 (B)全距 (C)標準差 (D)平均數。 【證券商業務員測驗】

( ) 17. 下列何者不為投資股票的風險？ (A)到期風險 (B)利率風險 (C)系統風險 (D)企業個別風險。 【證券商業務員測驗】

( ) 18. 公司在發行有價證券之後，若因為經營困難而影響有價證券的償還，該風險稱之為： (A)利率風險 (B)購買力風險 (C)系統風險 (D)違約風險。 【證券商業務員測驗】

( ) 19. 一般債券為什麼會存在再投資風險，其原因為： (A)利率的變動 (B)債券被發行公司提前贖回 (C)債息之支付 (D)選項(A)、(B)、(C)皆是。 【證券商業務員測驗】

( ) 20. 一般而言，公債風險不包括下列何者？ (A)信用風險 (B)流動性風險 (C)利率風險 (D)通貨膨脹風險。 【證券商業務員測驗】

( ) 21. 投資於成長股的投資人，預期報酬： (A)主要來自於現金股利 (B)主要來自於差價 (C)一半來自於現金股利，一半來自於差價 (D)主要來自於股票股利。 【證券商業務員測驗】

( ) 22. 市場投資組合的預期報酬率高過無風險利率的部分稱之為： (A)市場風險溢酬 (B)相對報酬 (C)無風險報酬 (D)選項(A)、(B)、(C)皆非。 【證券商業務員測驗】

( ) 23. 若排除市場風險，股票之個別風險為： (A)系統的、可透過投資組合分散的 (B)非系統的、可透過投資組合分散的 (C)系統的、不可分散的 (D)非系統的、不可分散的。 【證券商業務員測驗】

( ) 24. 高貝它(Beta)係數的證券，其價格在空頭市場較其他證券： (A)上漲較快 (B)上漲較慢 (C)下跌較快 (D)下跌較慢。 【證券商業務員測驗】

( ) 25. 投資者可採取哪些方式規避投資風險的方式？ (A)投資不同種類的證券 (B)投資不同地區的證券 (C)投資不同到期日的債券 (D)選項(A)、(B)、(C)皆是投資者規避風險的方式。 【證券商業務員測驗】

( ) 26. 一股票之報酬率與市場報酬率之共變異數為 30%，其標準差為 20%，若市場報酬率變異數為 18%，請問該股票之 β 為何？ (A)1.5 (B)1.67 (C)1.31 (D)資料不足，無法計算。 【證券商業務員測驗】

( ) 27. 在二因子之 APT 理論中，假設投資組合對因子 1 之貝它係數為 0.8，對因子 2 之貝它係數為 1.25，因子 1、2 之風險溢酬分別為 2%、4%，若無風險利率為 7%，請問在無套利空間下，該投資組合之預期報酬率應為何？ (A)12.5% (B)13.1% (C)13.6% (D)14.2%。 【證券商業務員測驗】

( ) 28. 投資人大多以何者為無風險利率？ (A)短期利率 (B)長期利率 (C)公司債券利率 (D)短期國庫券利率。 【證券商業務員測驗】

( ) 29. 假設甲股票的報酬率標準差為 20%，乙股票的報酬率標準差為 40%，丙股票的報酬率標準差為 30%，請問投資人應選擇哪一支股票？ (A)甲股票 (B)乙股票 (C)丙股票 (D)無法判斷。

【證券商業務員測驗】

( ) 30. 其他條件相同時，當殖利率改變時，到期日較短之債券，其價格變動幅度會： (A)較小 (B)較大 (C)一樣 (D)不一定。

【證券商業務員測驗】

( ) 31. 到期期間越長的政府債券，投資者會求較高的： (A)期限(Term)風險溢酬 (B)變現力(Liquidity)溢酬 (C)違約(Default)風險溢酬 (D)系統性(Systematic)風險溢酬。

【證券商業務員測驗】

( ) 32. 下列何者與企業的系統性風險無關？ (A)負債比率 (B)總固定成本與總變動成本比率 (C)產品種類多寡 (D)財務槓桿比率。

【證券商業務員測驗】

( ) 33. 在缺乏熱絡的交易市場中，投資者會特別要求較高的： (A)期限風險溢酬 (B)變現力溢酬 (C)違約風險溢酬 (D)系統性風險溢酬。

【證券商業務員測驗】

( ) 34. 投資風險性資產的報酬率與無風險利率的差額，稱之為： (A)投資利得 (B)投資報酬 (C)風險溢酬 (D)風險係數。

【證券商業務員測驗】

( ) 35. 當我們比較規模不同的投資專案時，我們需要一個能將專案規模予以標準化的統計量來衡量比較風險，此一統計量為： (A)變異數 (B)變異係數 (C)標準差 (D)平均數。

【證券商業務員測驗】

( ) 36. 下列何者不屬於市場風險？ (A)貨幣供給額的變動 (B)利率的變動 (C)政治情況的變化 (D)某公司核心人士遭同業挖角。

【證券商業務員測驗】

( ) 37. 下列何者正確描述非系統風險？ (A)只存在於小公司 (B)只存在於成長性公司 (C)可被分散掉 (D)通貨膨脹率是重要決定因素。

【證券商業務員測驗】

( ) 38. 下列何者風險屬於系統風險？ (A)贖回風險 (B)違約風險 (C)事業風險 (D)利率風險。 【證券商業務員測驗】

( ) 39. 正常來說，投資人可以藉著多角化投資來降低風險到何種程度？ (A)可以完全消除風險 (B)若多角化程度夠大，則可以完全消除風險 (C)無法完全消除風險 (D)無法降低風險。 【證券商業務員測驗】

( ) 40. 請問下列選項中之兩資產相關係數，其所組成之投資組合分散風險的效果最好？ (A)1 (B)0.5 (C)0 (D)-1。 【證券商業務員測驗】

( ) 41. 在橫軸為β，縱軸為證券預期報酬率下，證券市場線(SML)的斜率為： (A)Rf (B)βi (C) βi(Rm-Rf) (D)(Rm-Rf)。

【證券商業務員測驗】

( ) 42. 下列有關資本資產訂價理論(CAPM)與套利訂價理論(APT)之敘述，何者有誤？ (A)CAPM 是 APT 的一個特例 (B)APT 一般考慮較多的因素 (C)只有 CAPM 假定報酬率與影響因素呈線性關係，而APT 則否 (D)都可用於資金成本的估計、資產的評價和資本預算。 【證券商業務員測驗】

( ) 43. 下列有關資本資產評價理論(CAPM)的敘述，何者有誤？ (A)可以評估每一單獨證券的預期報酬率與風險的關係 (B)預期報酬越高，則表示其面對之風險越高 (C)風險係數是以β表示 (D)市場投資組合的β小於 1。 【證券商業務員測驗】

( ) 44. 證券市場線(SML)的斜率為： (A)通貨膨脹溢酬 (B)市場風險溢酬 (C)夏普指標(Sharpe Index) (D)無風險利率。

【證券商業務員測驗】

( ) 45. 下列敘述何者為真？ (A)資產之總風險為系統性風險 (B)投資組合中各資產報酬率間相關係數越大，組合風險越小 (C)資本資產評價理論(CAPM)說明，凡是非系統性風險相同之資產，其預期報酬相同 (D)可以經由多角化投資分散的風險，稱為非系統風險。 【證券商業務員測驗】

( ) 46. 在資本資產評價理論(CAPM)中，證券市場線(SML)是用來表示： (A)某證券變異數與市場投資組合變異數的關係 (B)證券期望報酬率與系統風險的關係 (C)某證券超額報酬率與市場投資組合超額報酬率的關係 (D)效率投資組合的預期報酬率與風險之間的關係。 【證券商業務員測驗】

( ) 47. 假設 A、B 兩種資產的相關係數為 0，且 A 的變異係數為 5，報酬率為 30%，B 的變異數為 0.04，則 A 與 B 的共變異數為？ (A)1 (B)0.3 (C)0 (D)無法計算。 【證券商業務員測驗】

( ) 48. 若當證券 B 的報酬率高於其平均報酬率時，證券 A 亦有相同的傾向，則兩證券之相關係數為？ (A)0 (B)負 (C)正 (D)正負皆可。 【證券商業務員測驗】

( ) 49. 下列何者非資本資產定價理論(CAPM)的假設條件？ (A)市場為一完全市場(Perfect Market) (B)單一投資期間 (C)投資者的預期皆相同 (D)無風險報酬率的借貸並不存在。 【證券商業務員測驗】

( ) 50. 根據資本資產定價理論(CAPM)，下列敘述何者為非？ (A)若一資產之 β 係數為 0，則其與市場投資組合之相關係數為 0 (B)在均衡下，若一資產期望報酬等於無風險利率，則其 β 必定為 0 (C)若一資產與市場投資組合相關係數為正，則其 β 必定為正 (D)若一資產期望報酬為正，則其 β 必定為正。 【證券商業務員測驗】

( ) 51. 一般而言，若公司未來成長機會的價值已被反映到當期股價上，則購買何種股票的投資人將無法賺到超額報酬？ (A)負成長公司 (B)零成長公司 (C)正成長公司 (D)選項(A)、(B)、(C)皆是。

【證券商業務員測驗】

( ) 52. 有擔保公司債之擔保內容為？ (A)利率風險 (B)匯率風險 (C)違約風險 (D)系統風險。 【證券商業務員測驗】

( ) 53. 下列何者不是零息債券所會面對的風險？ (A)利率風險 (B)違約風險 (C)購買力風險 (D)再投資風險。 【證券商業務員測驗】

( ) 54. 資本資產定價理論(CAPM)認為貝它值(Beta)為 0 的證券，其預期
報酬率應為？ (A)負的報酬率 (B)零報酬率 (C)無風險報酬率
(D)市場報酬率。 【證券商業務員測驗】

( ) 55. 不能放空下，投資組合中之個別資產間的相關係數為何時，才可能
將投資組合之標準差降為零： (A)1 (B)－1 (C)0 (D)無法將投
資組合之標準差降為零。 【證券商業務員測驗】

( ) 56. 市場組合之預期報酬率為 15％，無風險利率為 5％，某投資之貝它
值(Beta)為 0.8，而其預期報酬率為 15％，則此投資： (A)為好投
資，因其報酬率高於市場報酬率 (B)其報酬率低於資本資產訂價
模式(CAPM)之理論報酬率 (C)其報酬率高於資本資產訂價模式
(CAPM)之理論報酬率 (D)選項(A)、(B)、(C)皆非。

【證券商業務員測驗】

( ) 57. 下列敘述何者有誤？ (A)高風險投資預期報酬率較高，但不一定
會得到較高的報酬率 (B)風險與報酬成正比，故高風險投資必可
得到高報酬率 (C)以資本資產訂價理論 CAPM 的觀點，高系統風
險有高的預期報酬率 (D)CAPM 只以市場投資組合報酬率去解釋
證券的報酬率。 【證券商業務員測驗】

( ) 58. 二股票構成的投資組合風險可分散的程度取決於組成股票之：
(A)變異數 (B)標準差 (C)共變異數 (D)股價下跌機率。

【證券商業務員測驗】

( ) 59. 若當證券 B 的報酬率高於其平均報酬率時，證券 A 亦有相同的傾
向，則兩證券之相關係數為： (A)0 (B)負 (C)正 (D)正負皆
可。 【證券商業務員測驗】

( ) 60. 投資者在急需資金的情況下，將手中持有的有價證券拋售會有發生
損失的可能性，我們將其稱之為該投資者面臨下列何者風險？
(A)系統風險 (B)變現風險 (C)利率風險 (D)違約風險。

【證券商業務員測驗】

( ) 61. 請問下列哪一貝它係數(β)所代表系統風險較小？ (A)0.6 (B)1 (C)1.2 (D)2.1。 【證券商業務員測驗】

( ) 62. 若排除市場風險，股票之個別風險為： (A)系統的、可透過投資組合分散的 (B)系統的、不可分散的 (C)非系統的、可透過投資組合分散的 (D)非系統的、不可分散的。 【證券商業務員測驗】

( ) 63. 當β>1 時，表示證券風險較市場風險為： (A)小 (B)大 (C)和市場風險無關 (D)不一定。 【證券商業務員測驗】

( ) 64. 套利發生的主要原因在於： (A)風險相同的證券提供一致的報酬率 (B)風險相同的證券提供不一致的報酬率 (C)相同報酬率的證券具有一致的風險 (D)選項(A)、(B)、(C)皆非。 【證券商業務員測驗】

( ) 65. 在景氣蕭條時期，利率會走跌，慢慢地投資意願會增加，此時股價會開始上揚，反之，亦然。此種影響股價的方式屬於： (A)系統風險 (B)公司風險 (C)事業風險 (D)產業風險。 【證券商業務員測驗】

( ) 66. 當投資組合之個別證券的種類夠多時，則： (A)只剩下非系統風險 (B)只剩下系統風險 (C)無任何風險 (D)報酬率越高。
【證券商業務員測驗】

( ) 67. 二股票構成的投資組合風險可分散的程度取決於組成股票之： (A)變異數 (B)標準差 (C)共變異數 (D)股價下跌機率。
【證券商業務員測驗】

( ) 68. 證券市場線(SML)表示個別證券的預期報酬率與其貝它係數之間的關係，請問證券市場線是依據下列何理論推導出？ (A)CAPM (B)APT (C)CML (D)變異數。 【證券商業務員測驗】

( ) 69. 根據資本資產訂價模型(CAPM)，若一證券之期望報酬率低於市場投資組合報酬率，則： (A)貝它值小於 1 (B)貝它值大於 1 (C)貝它值等於 0 (D)貝它值小於 0。 【證券商業務員測驗】

( ) 70. 對一家完全未使用負債融資的公司而言，其風險會集中於： (A)財務風險 (B)市場風險 (C)公司特有風險 (D)事業風險。
【證券商業務員測驗】

( ) 71. 現代投資理論一般假設投資者是： (A)風險規避者 (B)風險偏好者 (C)風險中立者 (D)好逸惡勞者。 【證券商業務員測驗】

( ) 72. 資本資產訂價模型(CAPM)認為最能完整解釋投資組合報酬率的是： (A)特有風險 (B)利率風險 (C)系統風險 (D)非系統風險。 【證券商業務員測驗】

( ) 73. 在橫軸為β，縱軸為證券預期報酬率下，證券市場線(SML)的斜率為： (A)Rf (B)βi (C)βi(Rm-Rf) (D)Rm-Rf。【證券商業務員測驗】

( ) 74. 因市場利率變動而使金融商品之未來現金流量產生波動之風險稱為： (A)流動性風險 (B)信用風險 (C)利率變動之現金流量風險 (D)利率變動之公允價值風險。 【證券商業務員測驗】

( ) 75. 普通股股東權益與流通在外股數之比，可了解股票的： (A)帳面金額 (B)票面價值 (C)市面價值 (D)清算價值。 【證券商業務員測驗】

( ) 76. 在開始投資前應考慮的步驟為： (A)建立投資目標 (B)決定要以被動或主動方式管理投資組合 (C)建立資產配置的指導原則 (D)選項(A)(B)(C)皆是。 【證券商業務員測驗】

( ) 77. 套利發生的主要原因在於： (A)風險相同的證券提供一致的報酬率 (B)風險相同的證券提供不一致的報酬率 (C)相同報酬率的證券具有一致的風險 (D)選項(A)、(B)、(C)皆非。【證券商業務員測驗】

( ) 78. 下列何者為透過投資而取得公司所有權的方式？ (A)期貨契約 (B)公司債 (C)普通股 (D)賣出選擇權(put option)。 【證券商業務員測驗】

( ) 79. 貝它(β)係數主要衡量一證券之： (A)總風險 (B)市場風險 (C)非系統風險 (D)營運風險。 【證券商業務員測驗】

( ) 80. A 以 98,059 元買進一張面額 100,000 元的公司債，其票面利率為 5.25％。若 1 年後，A 出售此公司債，得款 100,648 元，則其報酬率為： (A)5.25％ (B)2.64％ (C)7.84％ (D)8％。 【證券商業務員測驗】

( ) 81. 資本利得是指　(A)股利　(B)利息　(C)股利加利息　(D)賣價超過買價之金額。　　　　　　　　　　　　　　　　【證券商業務員測驗】

( ) 82. 普通股每股股價 20 元，1 年後，該普通股每股發 1 元現金股利後，市價為 24 元，則該普通股 1 年的持有期間報酬率為？
(A)25%　(B)40%　(C)45%　(D)50%。　　　　　【證券商業務員測驗】

( ) 83. 某一投資組合單期報酬率為 16%，在此期間，該投資組合獲得 2.4 萬元的股利，且該投資組合起始的價值為 64 萬元，則該投資組合的期末價值為　(A)640,000 元　(B)718,400 元　(C)742,000 元　(D)665,000 元。　　　　　　　　　　　　　【證券商業務員測驗】

( ) 84. B 投資某股票，可獲利 20% 與 5% 的機會，分別為 1/3、2/3，則該期望報酬率為　(A)20%　(B)10%　(C)5%　(D)0%。
　　　　　　　　　　　　　　　　　　　　　　【證券商業務員測驗】

( ) 85. 若明年經濟狀況 40% 有可能為蕭條，30% 為一般水準，30% 為繁榮，且 A 公司在各個經濟情況下的報酬率分別為：6%、15%、36%，請問 A 公司明年的期望報酬率為何？　　(A)17.7%　(B)21.9%　(C)20.5%　(D)無法計算。　　　【證券商業務員測驗】

( ) 86. C 投資聯電股票，可獲利 20% 與 −10% 的機會，別為 1/3、2/3，則該期望報酬率為？　(A)20%　(B)−10%　(C)5%　(D)0%。
　　　　　　　　　　　　　　　　　　　　　　【證券商業務員測驗】

( ) 87. 如果 3 年來老王的投資報酬率是 12%、20%、5%，若以算術平均法計算，則其平均年報酬率為何？　(A)11.22%　(B)12.33%　(C)14.11%　(D)10.55%。　　　　　　　　　【證券商業務員測驗】

( ) 88. 如果甲公司股票在明年之可能報酬率分別為 20%、30%，且其機率分別為 0.4 及 0.6，則此甲股票在明年之期望報酬率為？
(A)24%　(B)25%　(C)26%　(D)27%。　　　　　【證券商業務員測驗】

( ) 89. 由於物價水準發生變動，所導致報酬發生變動的風險，稱之為　(A)利率風險　(B)購買力風險　(C)違約風險　(D)到期風險。
　　　　　　　　　　　　　　　　　　　　　　【證券商業務員測驗】

( ) 90. 公司在發行有價證券之後，若因為經營困難，而影響有價證券的償還，該風險稱之為 (A)利率風險 (B)購買力風險 (C)系統風險 (D)違約風險。 【證券商業務員測驗】

( ) 91. 當公司的信用評等等級越高時，表示何種風險越低？ (A)違約風險 (B)利率風險 (C)匯率風險 (D)贖回風險。 【證券商業務員測驗】

( ) 92. 下列何者意指在公司營運當中，固定成本的使用程度？ (A)財務槓桿 (B)營運槓桿 (C)總槓桿 (D)以上皆非。 【證券商業務員測驗】

( ) 93. 在景氣蕭條時期，利率會走跌，投資意願會慢慢增加，此時股價會開始上揚，反之亦然，此種影響股價的方式屬於 (A)系統風險 (B)公司風險 (C)事業風險 (D)產業風險。 【證券商業務員測驗】

( ) 94. 股票的報酬率為 7％、4％、11％、9％，則其報酬率之樣本變異數為 (A)0.00875 (B)0.008917 (C)0.000875 (D)0.0008917。 【證券商業務員測驗】

( ) 95. β 係數主要衡量證券的 (A)總風險 (B)市場風險 (C)非系統風險 (D)營運風險。 【證券商業務員測驗】

( ) 96. 下列哪一個 β 係數所代表的系統風險較小？ (A)0.6 (B)1 (C)1.2 (D)2.1。 【證券商業務員測驗】

( ) 97. 無風險資產的 β 係數為 (A)−1 (B)0 (C)1 (D)無限大。 【證券商業務員測驗】

( ) 98. 一證券與市場投資組合相關係數為 0.75，且標準差為 0.2，若市場投資組合之平均報酬率為 15％，而標準差為 25％，無風險利率為 10％，此資產 β 係數為？ (A)1 (B)1.2 (C)0.75 (D)0.6。 【證券商業務員測驗】

( ) 99. 當市場報酬率變動 5.2％時，若甲股票報酬率也隨之變動 6.5％，請問甲股票的 β 係數為何？ (A)1.25 (B)0.8 (C)1.21 (D)無法計算。 【證券商業務員測驗】

(　) 100. 一股票的報酬率標準差為 20%，其與市場報酬率的相關係數為 0.8，若市場酬率標準差為 12%，則該股票的 β 係數為何？ (A)1.87　(B)0.48　(C)1.33　(D)無法計算。　【證券商業務員測驗】

(　) 101. 下列敘述何者正確？　(A)市場性為金融資產的特性，不為實質資產的特性　(B)就長期而言，股票報酬率必定為 15%　(C)由於股票風險比債券高，因此投資股票的長期與短期績效均比債券好 (D)股票的風險比債券低。　【證券商業務員測驗】

(　) 102. 投資風險性資產的報酬率與無風險利率的差額，稱之為　(A)投資利得　(B)投資報酬　(C)風險溢酬　(D)風險係數。

【證券商業務員測驗】

(　) 103. 到期期間越長的政府債券，投資者會要求較高的　(A)期限風險溢酬　(B)變現力溢酬　(C)違約風險溢酬　(D)系統性風險溢酬。

【證券商業務員測驗】

(　) 104. 在缺乏熱絡的交易市場中，投資者會特別要求較高的　(A)期限風險溢酬　(B)變現力溢酬　(C)違約風險溢酬　(D)系統性風險溢酬。　【證券商業務員測驗】

(　) 105. 下列何者可以用來衡量不同期望報酬率投資方案之相對風險？ (A)變異數　(B)標準差　(C)變異係數　(D)β 係數。

【證券商業務員測驗】

(　) 106. 投資報酬率標準差除以平均報酬率為　(A)判定係數　(B)β 係數 (C)相關係數　(D)變異係數。　【證券商業務員測驗】

(　) 107. 無風險利率為 5%，市場投資組合的報酬率為 10%，β 係數為 1.5 的資產，其期望報酬率為？　(A)12.5%　(B)13.5%　(C)15% (D)20%。　【理財規劃人員證照－第 13 屆】

(　) 108. 若丙公司普通股的 β 值為 1.3，而無風險利率為 7%，且市場風險溢酬為 10%，則其期望報酬率為？　(A)10.9%　(B)16% (C)20%　(D)28%。　【理財規劃人員證照－第 10 屆】

( ) 109. 某股票的預期報酬率為 23％，市場組合的預期報酬率為 20％，該股票的 β 值為 1.2，則無風險利率為？ (A)2％ (B)3％ (C)4％ (D)5％。　【理財規劃人員證照－第 1 屆】

( ) 110. 根據兩因素之 APT 模型，若無風險利率為 7％，且影響股票預期報酬之第一因素 β 數值與風險溢酬分別是 1.8 及 2.5％，第二因素之 β 值與風險溢酬分別為 0.6 及 1.2％，則該股票之預期報酬為何？ (A)11.38％ (B)15.36％ (C)12.22％ (D)9.58％。

【理財規劃人員證照－第 16 屆】

( ) 111. 若影響丙公司股票之預期報酬因素有二：物價上漲率及工業生產指數，丙公司來自物價上漲率之 β 係數與預期報酬率分別為 1.2 及 7.5％，來自工業生產指數之 β 係數與預期報酬率分別為 0.6 及 6.2％，國庫券利率為 3％，若以兩因素之套利訂價模型計算，則該公司股票之預期報酬率為何？ (A)10.32％ (B)13.32％ (C)15.72％ (D)18.72％。　【理財規劃人員證照－第 6 屆】

( ) 112. 在兩因素之套利訂價模型中，若無風險利率為 3％，且影響 A 股票報酬之第一因素與第二因素風險溢酬分別為 4％及 8％，當 A 股票之預期報酬率為 12％，影響 A 股票報酬之第一因素 β 值為 1.5 情況下，則影響 A 股票報酬之第二因素 β 值為多少？ (A)0.375 (B)0.45 (C)0.475 (D)0.55。　【理財規劃人員證照－第 6 屆】

( ) 113. 股票 A 的投資報酬率變異數 0.09，市場報酬率變異數是 0.16，股票 A 和市場共變數是 0.108，則其相關係數是多少？ (A)0.9 (B)9 (C)7.5 (D)以上皆非。　【台大財金】

( ) 114. 假定倫飛電腦決定推出筆記型電腦後，發生了下列事件：A.市場利率較前上升 1％；B.政府對中國大陸實施戒急用忍政策，兩岸交流已趨緩；C.公司總經理忽然離職他就；D.該新式筆記型電腦發現瑕疵，必須延後一個月上市；E.宏碁電腦公司宣布，即將推出一種功能更強大的筆記型電腦。上述哪些事件屬於系統風險？ (A)BE (B)CD (C)AB (D)AC。　【中原國貿】

( ) 115. 以下有關現金流量的敘述何者為真？ (A)標準差越大，風險越小 (B)標準差與風險沒有關係 (C)標準差越小越接近預期報酬 (D)機率分配範圍越大，標準差越小。 【南華財管】

( ) 116. NTU 公司自現在起一年內的預期股價有如下表的機率分配：

狀態	機率	價格
1	0.25	$50
2	0.40	$60
3	0.35	$70

若你今天以每股$55 買進 NTU 的股票，而一年內你將可配發每股 $4 的股利，則這一年預期的投資報酬率為何？ (A)7.27％ (B)9.09％ (C)10.91％ (D)16.36％ (E)18.18％。 【台大財金】

( ) 117. 下列何者為真？ (A)投資組合的預期報酬率等於組合中證券預期報酬率加權平均 (B)投資組合的風險即是將組合中證券的標準差加權平均而得 (C)投資組合的總風險等於組合中各投資方案風險之總合。 【南華財管】

( ) 118. 下列有關風險及報酬率之敘述，何者為真？ (A)當投資人增加投資組合中資產個數時，資產的產業風險及公司風險會因而相互抵銷而減少，這部分所減低風險稱為系統風險 (B)當投資人將所有的錢投資於許多資產時，則其投資組合總風險之大部分來自於個別資產之總風險 (C)當投資人增加投資組合中資產個數時，投資組合之期望報酬率會因風險分散的效果，因而增加 (D)當兩資產報酬率成完全負相關時，投資人有可能組成一無風險投資組合 (E)以上敘述有兩者正確。 【台大財金】

( ) 119. 對投資某一半導體產業公司股票的投資者，下列何者為不可分散風險？ (A)和股票市場漲跌有關的風險 (B)全球半導體產業生產過剩所產生降價的危機 (C)該公司董事長之異動 (D)亞洲金融危機所引起的世界經濟不景氣。 【台電、中油】

( ) 120. 某一投資組合報酬率與市場投資組合之相關係數為 0，則該投資組合之 β 數等於： (A)1 (B)–1 (C)0 (D)市場投資組合之 β 係數。 【台電、中油】

( ) 121. 下列對資本資產訂價模式(CAPM)之假設，何者為非？ (A)資本市場無摩擦成本 (B)市場是完全的 (C)投資者皆為風險愛好者 (D)投資者對資產的報酬率有同質性預期。 【台電】

( ) 122. 根據資本資產訂價模式(CAPM)，若無風險利率為 8%，市場投資組合期望報酬率為 12%，且已知一公司股票之期望報酬率為 14%，則此公司之系統風險(β)值為： (A)0.8 (B)1.0 (C)1.2 (D)1.5。 【高考】

( ) 123. 在資本市場均衡時，甲股票的系統風險(β)為 1.2，預期報酬率為 15.6%；乙股票系統風險(β)為 1.6，預期報酬率為 18.8%，試問當時無風險利率為？ (A)2% (B)3% (C)4% (D)5% (E)6%。 【台電、中油】

( ) 124. 承上題，試問市場投資組合報酬率為何？ (A)10% (B)11% (C)12% (D)13% (E)14%。 【台電、中油】

( ) 125. 下列有關標準差(σ)與變異係數(CV)之敘述，何者錯誤？ (A)兩者皆與風險成正比 (B)σ 是「絕對」的觀念 (C)CV 是「相對」的觀念，在評估兩投資組合風險時，σ 較 CV 能代表風險的相對大小 (D)σ 若能與其他指標配合，能有效衡量風險，其使用頻率較 CV 為高。 【台電、中油】

( ) 126. 若您以變異係數大小，作為買賣準則，則應選擇下列何股投資？

	預期報酬率	標準差
中興	12%	0.03
中華	18%	0.05
中信	20%	0.08
中鼎	15%	0.05

(A)中興 (B)中華 (C)中信 (D)中鼎。 【台電】

( ) 127. 比較兩項不同預期報酬的投資方案，用何種方式較適當？ (A)共變數 (B)相關係數 (C)平均數 (D)變異係數。 【中山財管所】

( ) 128. 當兩種股票報酬率相關係數為 −1 時，下列有關於其所構成投資組合的敘述，何者為真？ (A)系統風險仍不可能為零 (B)總風險可為零 (C)系統風險等於市場投資組合 (D)風險無法控制。

【高考】

( ) 129. 假設明年公司在經濟景氣繁榮、一般及蕭條的報酬率分別為 20%、10%與 −6%，且繁榮、一般及蕭條的機率分別為 40%、20%與 40%，則明年公司的預期報酬率為： (A)7.2% (B)7.6% (C)8.0% (D)8.4%。 【高考】

( ) 130. 在資本資產訂價模式(CAPM)中，一項特定資產的預期報酬決定因素，不包括： (A)無風險利率 (B)市場風險溢酬 (C)總風險 (D)系統風險。 【高考】

( ) 131. 若一投資人選擇二種股票：A 股票的預期報酬率為 15%，B 股票為 20%；標準差分別為 15% 與 21%，但二股票的相關係數為 +1，若 A、B 二種股票的投資金額分別為 10 萬元與 20 萬元，則其投資組合的報酬率標準差為： (A)15.7% (B)18.6% (C)19.0% (D)20.3%。 【高考】

( ) 132. 當一投資組合所包含的證券種類越多時，下列敘述何者正確？ (A)投資組合系統風險越大 (B)投資組合系統風險越小 (C)投資組合非系統風險越大 (D)投資組合非系統風險越小。 【高考】

( ) 133. 某人將 60% 資金投資於股票，40% 投資於債券，若股票與債券的預期報酬分別為 15% 與 6%，則該投資組合的預期報酬率為： (A)10.05% (B)11.40% (C)12.10% (D)12.50%。 【高考】

( ) 134. 下列敘述何者正確？ (A)分散投資風險性資產一定可以降低系統風險與非系統風險 (B)增加投資不同產業之股票可以降低股票投資組合之非系統風險 (C)風險性資產投資組合之系統風險是可以分散的 (D)以上皆非。 【高考】

( ) 135. 下列有關「投資人如何降低其投資組合之系統風險」之敘述，何者正確？ (A)系統風險只要透過分散投資風險性資產就可降低 (B)系統風險是不可分散之風險，所以投資組合無法降低系統風險 (C)系統風險可以透過部分投資無風險性資產來降低 (D)以上皆非。 【高考】

( ) 136. 風險與報酬率的抵換關係應是： (A)風險越大，預期報酬率即越高 (B)風險越大，預期報酬率即越低 (C)風險與預期報酬率沒有關係 (D)實證研究對風險與預期報酬率的關係沒有一定的結論。 【高考】

( ) 137. 下列敘述何者不正確？ (A)風險越高，報酬不一定越高 (B)風險越高，預期報酬率越高 (C)風險越高，報酬一定越高 (D)要想得到高報酬，非得冒險不可。 【普考】

( ) 138. 南風公司股票 β 值是 1.2，無風險利率為 7%，預期市場報酬率是 12%，該公司股票預期報酬率為： (A)8.4% (B)13% (C)14.4% (D)以上皆非。 【普考】

二、問答及計算題

1. 請簡述下列觀點：「A 股票的價格波動顯然較 B 股票要高得多，然而其長期平均報酬率卻較 B 股票低，這根本是否違反了『高風險、高報酬』之基本原理」。 【台科大財管】

2. (1) 證券分析師 X 先生利用 SML 估計 XYZ 公司之必要報酬率為 12%，X 先生以加權指數報酬率 10% 作為市場報酬率之替代變數，以政府債券之平均值利率 8%，作為無風險利率，試問 XYZ 公司之 Beta 值為若干？

   (2) 若 Y 先生將資金之 70%投資於 XYZ 公司，將 30% 資金投資於 ABC 公司(Bate=1.5)，則 Y 先生的投資組合之必要報酬為若干？ 【銘傳金融】

3. 設某公司股價達均衡時,其預期報酬率為 16%,報酬率之標準差為 40%,另設整體市場之風險貼水為 9%,無風險利率為 6%,市場報酬率之標準差為 30%,若 CAPM 成立,則該公司股票報酬率與市場報酬率之相關係數為何? 【台大財金】

4. 假設 A、B 兩家公司在各種經濟狀態下的每股盈餘如下表:

	很好	好	持平	壞	很壞
A	6	5	4	3	2
B	10	8	6	4	2

請用變異係數作為標準來判斷哪一家公司表現較好? 【高科大風管與保險】

5. 名詞解釋:

(1) 流動性溢酬。 【政大金融所】

(2) 風險。 【普考】

6. 試討論「資本資產訂價模式」:

(1) 如何應用於公司之「資本預算」?

(2) 如何應用於公司之「股票評價」? 【高考】

7. 下列為乙公司的資料:

(1) 市場報酬的變異數=0.044。

(2) 乙公司的報酬和市場報酬的共變數=0.064。

假設市場風險溢酬為 9.2%,預期國庫券的報酬率為 4.7%

(1) 請寫出證券市場線的方程式。

(2) 乙公司的必要報酬率為多少? 【基層特考】

8. 投資風險的衡量指標有 β 值與報酬率標準差兩種,請說明這兩種風險衡量指標的異同點,並以資本資產訂價模式(CAPM)說明它們之間的關係。

【身心障礙三特】

9. 假設 A、B 兩股票之報酬率及其機率分配如下表所示：

機率	股票 A	股票 B
0.1	–10%	–35%
0.2	2%	0%
0.4	12%	20%
0.2	20%	25%
0.1	28%	15%

且已知 B 股票之 β 值大於 A 股票。

(1) 請計算 A、B 兩股票之變異係數。

(2) 請比較 A、B 兩股票之風險。 【基層特考】

10. 假設市場預期報酬率為 16%，無風險利率為 8%，而市場報酬率的標準差為 20%。假設你有 100 萬元，而限定只能投資於市場與無風險資產。

(1) 什麼樣的投資組合可以達到預期報酬率 14%？

(2) 這個投資組合的 β 值為何？

(3) 這個投資組合的標準差為何？ 【普考】

11. 假設在市場均衡狀態下，某人擁有一 β 值為 2 之股票，已知此股票之要求報酬率為 15%，且市場組合報酬率為 10%。若市場組合報酬率提高到 13%，且無風險利率不變，則此股票之報酬率為何？ 【原住民】

12. 已知 A、B、C 三股票之 β 值各為 0.9、1.1 及 1.6。某人有 100 萬元投資於此三股票及無風險資產，並希望得到一個和市場組合同樣風險水準的投資組合。若已知某人各投資 10 萬元於 A、B 兩股票，試問各應投資多少錢於 C 股票及無風險資產？ 【退役三特】

13. 試述資本資產訂價模式(CAPM)的證券市場線、β 值的定義、市場風險溢酬，並且用圖形表示以上各個觀念。 【基層特考】

14. 個別資產報酬率的標準差為 3.2，由市場指標估算的報酬率具有標準差 1.6，而且此二個報酬率的相關係數為 0.6，則該個別資產：

(1) β 值為何？

(2) 市場指標的 β 值為何？

(3) 若無險利為 8%，市場指標預期報酬率為 24%，則上述個別資產的 預期報酬率應為何？ 【高考】

15. 何謂不可分散風險？通常以 β 值衡量不可分散風險，試說明如何估算 β 值？又如何利用 β 值計算風險溢酬？ 【高考】

16. 企業及個人從事投資活動時，必須同時考慮預期報酬率及風險的大小。 試述風險如何定義？如何衡量？預期報酬率與風險之間有什麼樣的關 係？ 【高考】

Chapter **05**

證券評價

Financial Management :
Theory and Practice

一般有價證券是指政府債券、公司股票、公司債券及經主管機關核定之其他有價證券，例如基金之受益憑證等。在股票方面，依據股票持有人權利之不同，可以將股票分為普通股及特別股；若依據次級市場的交易場所，可以區分為上市、上櫃與興櫃股票。以下我們先來認識不同種類的股票。

 5-1　股　票

一、股票之分類

（一）依股票持有人權利之不同可分為

1. 普通股(common stock)

　　普通股是最常見的籌資工具，公司可以不發行債券，但卻不能沒有股票，因為普通股是公司成立的必要條件之一，普通股為一種權益證券，所代表的是公司的所有權，擁有普通股即表示投資人擁有公司所有權的一部分，且其擁有的權利與其所持有的股數成等比例。所以普通股有下列的特性：

(1) 表彰公司的所有權

　　普通股是表彰對公司所有權的合法憑證。

(2) 投票權

　　擁有普通股，即為公司的股東，對於公司重要的決策具有參與決定的投票權，所以股東可以藉由投票權的行使達到管理公司的目的。

(3) 股利分配權

　　公司若有盈餘，管理當局可以將部分或全部的盈餘分配給股東，而分配多寡，將視持股比例而定。

(4) 剩餘請求權

若公司面臨倒閉或清算時，普通股股東對於公司資產擁有法定求償權，其受償地位在政府、員工、債權人及特別股股東之後。

(5) 優先認股權

若公司增資、發行新股時，普通股股東可以按照目前持股比例優先認股。此優先認股權是在保護現有股東對於公司的控制權，並能維持現有股東持有的股票價值。

2. 特別股(preferred stock)

特別股雖然是權益證券的一種，但卻具有某些固定收益證券的特質，所以是一種兼具債券與普通股部分特性的股票，與債券相同的地方，在於特別股承諾每年支付固定的股利給特別股股東，且會優先於普通股股東發放，類似沒有期限的債券。另外，特別股股東的求償順序高於普通股股東。所以對於普通股股東而言，常視特別股為負債，但是債券持有人卻視特別股為權益，因此特別股又稱為混血證券(hybrid security)，以凸顯其特殊地位。特別股按照公司的需要，有以下不同的形式：

(1) 依是否可以累積可分為

(a) 累積特別股

若公司當年度沒有盈餘，無法分配特別股股利，其應得之積欠股利可累積到一期一併領取。

(b) 非累積特別股

若有積欠股利，不可累積到下一期，每年只可領當年度的股利。

(2) 依是否可以參加可分為

(a) 參加特別股

若公司有超額盈餘時，可以與普通股股東一同分配。

(b)非參加特別股

只能領取固定的特別股股利，無法參與公司其他的盈餘分配，與債券相同。

(3) 依是否可以轉換可分為

(a)可轉換特別股

在特定條件下，可將特別股轉換為普通股。

(b)不可轉換特別股

不可以轉換為普通股的特別股。

(4) 依是否可以賣回可分為

(a)可賣回特別股

在某些條件下，可要求將特別股賣回給公司，屬於投資人的權利。

(b)不可賣回特別股

無論特別股的價格如何，都不能將之賣回公司。

(5) 依是否可以贖回可分為

(a)可贖回特別股

在某些條件下，公司可強制將特別股贖回，屬於發行公司的權利。

(b)不可贖回特別股

在任何條件下，公司都不能強迫特別股股東把股票賣回公司。

（二）依據次級市場的交易場所可分為

1. 上市股票

指在台灣證券交易所掛牌交易的股票，一般都是具有一定規模的公司才可上市，上市股票之交易採用集合競價，資本額需達實收資本額 6 億元且依公司法登記滿 3 年，才可申請股票上市，在獲利能力的標準方面，必須在最近一個會計年度決算無累積虧損，且營業利益及稅前純益占年度決定財務報告所列示股本之比率，符合下列任一項標準：

(1) 最近兩個會計年度均達 6% 以上。

(2) 最近兩個會計年度均達 6% 以上，且最近一個會計年度之獲利能力較前一會計年度為佳者。

(3) 最近五個會計年度均達 3% 以上。

在股權分散的標準方面，記名股東人數在一千人以上，公司內部人及該等內部人持股逾 50% 之法人以外之記名股東人數不少於五百人，且其所持股份合計占發行股分總額 20% 以上或滿 1,000 萬股。

2. 上櫃股票

指在中華民國證券櫃台買賣中心掛牌的股票，其交易方式為集合競價，與上市股票的差異僅在於對掛牌買賣的條件要求不同，其必須依公司法登記滿兩年，且實收資本額達新台幣 5,000 萬元，才可申請上櫃。在獲利能力的標準方面，其營業利益及稅前純益占財務報告所列示股本之比率符合下列任一項標準即可：

(1) 最近 1 年度達 4%，且無累積虧損。

(2) 最近 2 年均達 3%。

(3) 最近 2 年平均達 3%，且後一年較前一年度佳。

在股權分散的標準方面，公司內部人及該等內部人持股逾 50% 之法人以外記名小股東人數不少於三百人，且其持股總數額占公司總發行額之 20% 或 1,000 萬股以上。

3. 興櫃股票

興櫃股票的要求較上市或上櫃低，主要是為了輔導可能上市、上櫃的公司，先於興櫃市場交易，熟悉市場與投資人，並為未來的上市、上櫃進行準備。其交易制度以議價為主，需符合下列條件，才能申請興櫃掛牌：

(1) 已申報上市或上櫃輔導。

(2) 經兩家以上證券商書面推薦。

(3) 在櫃台買賣中心設有專業服務代理機構辦理服務。

至於獲利能力、資本額、設立年限及股東人數並無規定。

二、股票的風險

我們知道高風險、高報酬。所以股票雖然有較高的預期報酬，但也隱含不少投資風險。基本上，股東的風險有市場風險、利率風險、通貨膨脹風險、營運風險與流動性風險等。市場風險（系統風險）很難用分散投資方式來降低，例如：國內外經濟景氣的好壞、通貨膨脹的高低、失業率的高低、政治安定與否等。

除了市場風險，股票的風險還包含與個別公司有關的風險，例如公司經營不當、專利權訴訟、財務狀況、罷工、研發失利等公司持有的風險或非系統風險，但是投資人可以藉由分散投資的方式，使持有的股票產生損益相抵的效果，降低公司特有的風險。

三、股票的報酬

股票的報酬可以分為股利及資本利得兩部分：

1. 股利

一般股利分為兩種：現金股利和股票股利，現金股利顧名思義，是將現金直接發放給股東。將現金股利的金額除以市價，可得「股息殖利率」(dividend yield)，而股票股利是以配發股票的方式進行。

2. 資本利得

買入股票，股價上漲將可使投資人賺取資本利得；反之，若股票下跌，則會產生資本損失。

四、股票之評價

投資人可以根據每年預期的股利折現值，加總後，即可得到股票的合理價值，其公式如下：

$$P_{i,0} = \frac{D_{i,1}}{1+K} + \frac{D_{i,2}}{(1+K)^2} + \cdots + \frac{D_{i,n-2}}{(1+K)^{n-2}} + \frac{D_{i,n-1}}{(1+K)^{n-1}} + \cdots\cdots$$

$$= \sum_{t=1}^{\infty} \frac{D_{i,t}}{(1+K)^t}$$

其中 $D_{i,t}$ 表示股票 i 在第 t 期時的預期現金股利的發放水準

　　K 為必要報酬率或是折現率

將各期之預期每股股利的折現值加總，即可得股票 i 在第 0 期（現在）的理論價值或是預期價值。

依照股利的成長型態，可以分為：

（一）股利零成長的股利折現模式

股利零成長，表示公司獲利表現普通，才會每年都發放固定的股利給股東，此種普通股稱之為「零成長股」，由於未來每期的股利都是固定不變，所以股利折現模式中的各期股利都相等。

$$P_{i,0} = \frac{D_{i,1}}{1+K} + \frac{D_{i,2}}{(1+K)^2} + \cdots + \frac{D_{i,n}}{(1+K)^n}$$

$$= \frac{D}{1+K} + \frac{D}{(1+K)^2} + \cdots + \frac{D}{(1+K)^n}$$

$$= \frac{\dfrac{D}{1+K}}{1+\dfrac{1}{1+K}}$$

$$= \frac{D}{1+K} \times \frac{1+K}{1+K-1} = \frac{D}{K}$$

因此只要知道每年固定的股利金額(D)及必要報酬率(K)，即可算出股票的價值，零成長股利的折現模式，也可以用於特別股的評價，因為特別股股東每年都會領取固定的特別股股利，且沒有到期日，因此可視為「永續年金」的一種，其評價方式如下：

$$P_0 = \frac{D_P}{K_P}$$

其中 D_P 表示特別股每年領取的股利

K_P 表示特別股的必要報酬率

小試身手 ①

台積電的股利每股 5 元，必要報酬率為 12%，則股票可值多少元？

（二）股利固定成長的股利折現模式

如果公司的盈餘有所成長，則股利的發放也會有所成長，若股利的固定成長率為 g，則本年的每股股利假設為 $D_{i,0}$，下一期的每股股利為 $D_{i,0} \times (1+g)$，則：

$$\begin{aligned}
P_{i,0} &= \frac{D_{i,1}}{1+K} + \cdots + \frac{D_{i,n-1}}{(1+K)^{n-1}} + \frac{D_{i,n}}{(1+K)^n} + \cdots \\
&= \frac{D_{i,0} \times (1+g)}{1+K} + \cdots + \frac{D_{i,0} \times (1+g)^{n-1}}{(1+K)^{n-1}} + \frac{D_{i,0} \times (1+g)^n}{(1+K)^n} + \cdots \\
&= \frac{\dfrac{D_{i,0} \times (1+g)}{1+K}}{1 - \dfrac{1+g}{1+K}}
\end{aligned}$$

$$= \frac{D_{i,0} \times (1+g)}{1+K} \times \frac{1+K}{1+K-1-g}$$

$$= \frac{D_{i,0} \times (1+g)}{K-g}$$

$$= \frac{D_{i,1}}{K-g}$$

小試身手 ②

台積電配發現金股利 5 元，以後每年以股利 7% 的速度成長，若市場折現率為 12%，則公司股票可值多少元？

此評價模式，是由美國學者高登(Gordon)所發展出來的，所以又稱為高登模式(Gordon Model)。至於 g 該如何估計？可以在滿足特定假設的前提下，利用下列公式來計算：

$$g = b \times ROE$$
$$\quad = (1-d) \times ROE$$

其中 b 表示盈餘保留率，也就是支付股利後剩餘的淨利占總淨利的比例，所以：

$$b = 1-d$$
$$\quad = \frac{保留盈餘 - 股利}{總淨利}$$

ROE 為股東權益報酬率(return on equity)此公式的涵義在於，若盈餘沒有以股利形式發放，則可用於「報酬率相當於股東權益報酬率」的投資機會上，所以 $b \times ROE$ 可以表示在未來可能增加的報酬水準。

（三）股利非固定成長的股利折現模式

要找出股利非固定成長的股利折現模式，其步驟如下：

1. 區分出被評價之普通股的發行公司，其超常成長期間與固定成長期間。

2. 計算出在超成長期間的預期股利折現值。

3. 計算出在固定成長期間的預期股利折現值。

4. 將超常成長期間與固定成長期間的預期股利折現值加總，即可計算出非固定成長模式的股票價值。

上述這些股利折現模式，都是假設公司會定期支付現金股利，但是若公司從不發放股利，或是只發放股票股利時，則必須找其他的評價模式取代，例如：

（一）本益比法(P/E ratio)

又稱為盈餘資本化法(capitalization of earnings)，此方法適用於：

1. 公司不發放現金股利或只發放股票股利。

2. 不容易取得其財務資料的未上市公司。

本益比法的基本邏輯在於以獲利能力為主要的評價因素，使用公司的獲利水準及市場對此公司獲利能力的評價，兩者來共同評估股價，其公式如下：

每股股價＝預期每股盈餘(EPS)×合適的本益比(P/E)

由於預期的每股盈餘不易取得，可以用過去數年間的平均盈餘來取代預期盈餘的水準，也可以用同業中規模與財務狀況類似的上市公司來估計。

另一方面，若我們將固定成長股利折現模式的評價方式，配合本益比法的定義，即可得下列公式：

$$\frac{P}{E} = \frac{\dfrac{D_1}{E_1}}{K - g}$$

其中 $\dfrac{D_1}{E_1}$ 為預期股利支付率

K 為必要報酬率

g 為預期股利成長率

所以影響本益比高低的要素就包含預期股利支付率、必要報酬率及預期股利成長率三個變數。

另外，證券主管機關有另一評價公式，供未上市公司作為初次上市、上櫃之定價參考：

$$承銷股票價格 = A \times 40\% + B \times 20\% + C \times 20\% + D \times 20\%$$

其中 A 為公司每股稅後盈餘 × 採樣公司最近三年度之平均本益比

B 為公司每股股利 ÷ 採樣公司最近三年度之平均股利率

C 為最近一期之每股淨值

D 為預估每股股利 ÷ 一年期之定期存款利率

（二）股價淨值比法(price to book ratio, PBR)

當公司每股稅後盈餘為負時，本益比將無用武之地，此時可以用股價淨值比作為評價的工具，其公式如下：

$$股價淨值比 = \frac{股價}{每股淨值}$$

（三）股價營收比(price/sales ratio, PSR)

$$股價營收比 = \frac{股價}{每股營收}$$

公式表示當一家公司能享有較高的營收水準時，其未來的盈餘成長潛力就越大，股價的表現也越好，但此方法不適合業外損益比重較高的公司。

五、市場效率性

上述這些股票評價的方法，所算出的股票價值通常不會等於普通股在市場上的交易價格，為什麼呢？原因有下列幾種：

1. 股利折現模式用來計算股票價格之變數，多為預期性質或是主觀成分較高，不容易準確估計。

2. 實際之股票價格也會受股票供需、總體環境、企業政策變動之因素影響，而股利折現模式並未將這些變數涵蓋其中。

3. 市場的效率性，也會影響股票價值。所謂的效率市場(efficient market)是指在資本市場中，如果所有影響股票價格的資訊均能迅速且完全地反映在股價上，則該資本市場是具有效率性的。而效率市場之所以能夠存在，必須要有下列四點假設：

    (1) 每個市場參與者能同時免費地獲得市場的收關資訊，也就是每位投資人均對市場具有相同方向的預期。

    (2) 沒有交易成本、稅負及其他交易障礙。

    (3) 個人的交易無法影響證券價格，也就是每位投資人均為價格的接受者(price taker)。

    (4) 每位投資人均積極追求利潤的極大化，藉由分析、評價、交易，積極地參與市場。

　　上述這些假設在現實世界中很難達成，因此區分出完全效率市場 (perfectly efficient market)與經濟效率市場(economically efficient market) 之不同。所謂完全效率市場是指當市場出現新的資訊時，價格能立即反 應，沒有任何套利的機會。而經濟效率市場中，價格的調整不是立即 的，必須經過一段時間的修正，直到賺取的套利利潤等於交易時所要支 付的成本時才停止。

　　由於並非所有的市場均能達成完全效率的境界，財務學者法瑪 (Fama)在 1970 年時討論效率市場假說(efficient market hypo-thesis, EMH)，以市場價格所能反映的資訊種類區分效率市場的種類：

1. 弱式效率市場假說(weak-form efficient market)

　　假設目前的股價已充分反映過去所有會影響股價的訊息，包括過 去的價格走勢、報酬率及交易量等，所以無法以歷史資訊來預測未 來，也無法利用技術分析來為投資人獲取超額報酬。

2. 半強式效率市場假說(semi strong-form efficient market)

　　股票價格所反映的資訊，除了歷史資訊外，還包括所有公開可獲 得的資訊，例如：盈餘預測、股利、本益比、新產品的研發、財務報 表、專利權的擁有、公司的管理特質等等，技術分析與基本分析無法 為投資人獲得超額報酬，因為股價已充分反映所有公開的資訊。

3. 強式效率市場假說(strong-form efficient market)

　　股價能充分反映所有的資訊，包括公開與非公開，任何分析方法 無法為投資人獲得超額報酬，不像在弱式效率市場中，只要擁有公開 （非歷史資訊）或非公開的資訊，或是在半強式效率市場裡擁有非公 開資訊，均能在市場中享有超額報酬，所以強式效率市場是三者當中 的最高境界，但也最不可能達成。

　　綜而言之，對於處於效率市場下的投資人，由於股價已充分且迅速 反應，所以無法賺取超額利潤(abnormal return)，但是對於處在效率市場

中的公司而言，只要觀察公司的股價變動，就可以了解市場中的投資人對公司經營決策良窳的看法。所以，當市場缺乏效率性時，配合新的資訊不斷產生，股價將會有偏離「實質價值」的超額報酬（例如：此時可由股利折現模式來決定股價），大部分實證研究證明，美國股票市場具有「高度之弱式效率性」及相當程度之「半強式效率性」，而台灣的股票市場，均只具有「弱式效率性」。

 5-2 債 券

一、債券之分類

債券是政府或企業融資活動中，另一項重要的金融工具，其分類五花八門，現分述如下：

（一）依發行機構區分

1. 政府公債

政府公債是政府為籌措施政或是建設資金所發行的債券。其中建設公債可以分為甲、乙兩類，甲類是為支應非自償性建設之公債，乙類為支應自償性建設的公債。

2. 公司債

公司債是公司為募集中長期資金所發行，若依據債券是否可轉換為股票，可以分為普通公司債及可轉換公司債。

3. 金融債券

金融債券是銀行為供給中長期信用，依法所發行之債券。

4. 國際金融組織新台幣債券

　　國際金融組織新台幣債券是以台幣計價，但為非屬單一國家之跨國性金融組織所發行之債券。

（二）依發行形式區分

1. 實體公債

　　實體公債是一種書面憑證的具體公債，可以直接持息票至指定機構領取本金及利息，但是無法避免會有偽造、詐欺及失竊的風險。

2. 無實體公債

　　無實體公債即沒有實體書面憑證，是目前債券市場的主流，由中央銀行發給公債存摺，依據其清算銀行之記錄取代實際交付，所以又稱為登錄公債，可以大幅降低印製的成本，但由於需記名買賣，故無法避免交易曝光或是規避利息的所得稅負。

（三）依是否有票息區分

1. 附息債券

　　附息債券為定期給付固定或浮動利息之債券。

2. 零息債券

　　零息債券為不給利息，採折價發行之債券。

（四）依是否提供擔保區分

1. 擔保債券

　　擔保債券為有提供擔保品或經由其他第三人保證之債券。

2. 無擔保債券

　　無擔保債券完全依據發行機構的信用發行，不提供任何可擔保之債券，故利率較擔保債券高。

（五）依債權性質區分

1. 普通債券

普通債券與一般負債之受償順位相同。

2. 次順位債券

次順位債券在償付完一般負債後，才受償的債券，風險較高，所以利率較普通債券高。

（六）依利息是否固定區分

1. 固定利率債券

票面利率固定，所以每期有固定的利息收入。

2. 浮動利率債券

浮動利率債券其票面利率隨著市場利率變動而變動，所以每期的利息收入不固定。

二、債券的基本特性

債券通常會約定某一期間內，發行公司須按記載的面額與票面利率給予投資人利息，所以會有下列基本特性：

（一）面額(face value)

每張債券，不論是政府公債或是公司債，到期時均會按面額償還給債權人，而支付的利息也是以面額為基礎。

（二）票面利息(coupon)

票面利息是債券發行人按期支付給投資人的金額，是根據票面利率來決定，而債券利息對發行公司而言，可納入年終損益來結算，並且可將之視為「財務費用」抵繳所得稅。反之，普通股所發放的股利，則不可抵繳所得稅，這種節稅效果稱為稅盾(tax shields)。

（三）到期日(maturity date)

在到期日當天，債券發行公司必須將本金及最後一次利息還給投資人，表示債權債務關係的結束。而從今天到債券到期日為止的這段期間，我們稱之為「到期期間」(time to matu-rity)。

三、債券的報酬

債券最主要的收益有三種，分別是債券的利息收入、資本利得及再投資收入三種。債券的利息收入決定於債券利益，而債券價格會隨利率的波動而改變。所以，當投資人買進債券後，若市場利率發生波動，投資人將可能因利率的下跌而獲取債券價格上漲的資本利得。反之，也會因利率上漲而產生債券價格下跌的資本損失。至於再投資收入是指投資人將每期所得的利息收入再投資，所能賺得的孳息。所以，我們可以用下列兩種方法來衡量債券投資報酬率：

（一）當期收益率

$$當期收益率 = \frac{票面利息}{債券價格}$$

當期收益率是指投資人只持有債券單期，且不賣出債券所能得到的報酬率。但是當期收益率只考慮了債券的利息所得，而忽略了債券的另一項所得來源——資本利得（或資本損失），所以是當期收益率的缺點。

（二）到期殖利率(YTM)

這個衡量指標彌補了當期收益率的缺點，將利息收入與資本利得同時考慮，所以又稱為到期收益率(yield to maturity, YTM)，其計算公式如下：

$$P_B = \sum_{t=1}^{n} \frac{C}{(1+YTM)^t} + \frac{FV}{(1+YTM)^n}$$

其中 P_B 為債券的買進價格

C 為每期可收到的票面利息

FV 為到期的面額

N 為付息的期數（或是剩餘的到期期數）

所以 YTM 是使債券「未來所有收益折現值的總合」，也就是債券買進價格的折現率，或是用來評估債券價格的折現率。

例如：A 公司發行一張面額 100 元，票面利率 10%，期限為 2 年的債券，如果是一年付息一次，到期期間的市場利率為 8%，則債券的發行價格為：

$$P = \frac{C_i}{(1+YTM)^1} + \frac{C_i}{(1+YTM)^2} + \frac{FV_i}{(1+YTM)^2}$$

$$= \frac{100 \times 10\%}{1+8\%} + \frac{100 \times 10\%}{(1+8\%)^2} + \frac{100}{(1+8\%)^2}$$

$$= 103.6$$

上述例子，YTM 為 8%，小於票面利率的 10%，則此時，債券的發行價格高於面額，此種債券稱為溢價債券(premium bond)。反之，若是 YTM 剛好等於票面利率時，則發行價格會等於面額現值，此種債券稱為平價債券(par bond)。以上述為例，如果票面利率為 10%，到期期間的市場利率也為 10%，則債券的發行價格為：

$$P = \frac{100 \times 10\%}{1+10\%} + \frac{100 \times 10\%}{(1+10\%)^2} + \frac{100}{(1+10\%)^2}$$

$$= 100$$

再者，若 YTM 大於票面利率時，則此時債券的發行價格會小於面額（現值），此種債券稱為折價債券(discount bond)。仍以上述為例，如果票面利率為 10%，到期期間的市場利率為 12%，則債券的發行價格為：

$$P = \frac{100 \times 10\%}{1+12\%} + \frac{100 \times 10\%}{(1+12\%)^2} + \frac{100}{(1+12\%)^2}$$

$$= 96.62$$

所以，當市場利率水準低於某債券提供的票面利率時，該債券的價值就會比較高，反之則會比較低。因此殖利率與債券價格存在著「反向」的變動關係，如下圖：

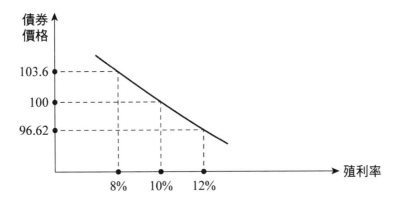

上圖表示當市場利率水準變動時，為了反映機會成本的變動，殖利率也會同時變動，使債券價格跟著發生變化，這種因利率波動所產生的債券價格風險，稱之為利率風險(interest rate risk)。

四、債券的評價

在前一節討論到期殖利率(YTM)時，計算債券買進價格的公式，即為債券的評價模式，現將其式子再展開，假設債券 i 每期支付的票面利率為 r，到期本金為 FV（即面額 face value），票面利息為 $C = FV \times r$，因此：

$$P_{i,0} = \frac{C_i}{1+YTM} + \cdots + \frac{C_i}{(1+YTM)^{n-1}} + \frac{C_i}{(1+YTM)^n} + \frac{FV_i}{(1+YTM)^n}$$

$$= \sum_{t=1}^{n} \frac{C_i}{(1+YTM)^t} + \frac{FV_i}{(1+YTM)^n}$$

$$= C_i \times PVIFA(YTM, n) + FV_i \times PVIF(YTM, n)$$

從公式可知，債券價格與 YTM 呈反向關係，YTM 越高，則債券價格越低；反之，YTM 越低，則債券價格越高。若將公式應用於零息債券，則每期可收到的票面利息(C)將等於零，則現金流量僅剩到期的面額(FV)，則評價的公式為：

$$P = \frac{FV}{(1+YTM)^n}$$

另外，有一種每年均會支付固定票息，但卻永遠不償還本金，永無到期日的債券，稱為永續債券(perpetual)，雖然到期日無限，但其存續期間卻是有限的，公式如下：

$$D_{mac} = 1 + \frac{1}{YTM}$$

其中 D_{mac} (macaulay duration)為債券的存續期間

例如 YTM $=10\%$，永續債券的存續期間為 $1 + \dfrac{1}{10\%} = 11$ 年。

小試身手 ③

台積電發行一面額 1,000 元，票面利率 15%，2 年到期的債券，如果一年付息一次，市場利率為 10%，則債券的發行價格應為多少？

習題 | Exercise

一、選擇題

( ) 1. 下列何者並非強式效率市場檢定中，公司內部人員檢定之對象？
(A)董事　(B)總經理　(C)重要股東　(D)基金經理人。

【證券商業務員測驗】

( ) 2. 如果證券市場充分正確反應資訊，則投資人可以獲得：　(A)異常報酬　(B)與所承受風險相當之合理報酬　(C)超額報酬，但必須先對資訊做仔細的分析　(D)報酬為零。　【證券商業務員測驗】

( ) 3. 當一期間與過去相同期間之報酬率無顯著之相關性時，代表該市場符合：　(A)弱式效率　(B)半強式效率　(C)強式效率　(D)選項(A)、(B)、(C)皆非。　【證券商業務員測驗】

( ) 4. 交易成本與稅：　(A)會促進市場效率　(B)會阻礙市場效率　(C)與市場效率無關　(D)是每一個股票市場都必須具有的。

【證券商業務員測驗】

( ) 5. 股利折現模式的股利：　(A)同時包括現金股利與股票股利　(B)僅包括股票股利　(C)僅包括現金股利　(D)即等於每股盈餘。

【證券商業務員測驗】

( ) 6. 在其他條件相同的情況下，可轉換公司債之票面利率通常較一般公司債之利率：　(A)高　(B)低　(C)相同　(D)視情況而定。

【證券商業務員測驗】

( ) 7. 下列何者是貨幣市場工具的特性？　(A)高報酬　(B)高風險　(C)到期日長　(D)低風險。　【證券商業務員測驗】

( ) 8. 股票的流動性風險與下列何者較有關？　(A)公司的獲利能力　(B)股票的成交量　(C)股票價格的高低　(D)利率。　【證券商業務員測驗】

( ) 9. 資本市場的工具到期日應： (A)超過一個月 (B)超過半年 (C)超過一年 (D)一年以下。 【證券商業務員測驗】

( ) 10. 下列何者不是一般用來分類普通股的方式？ (A)成長性 (B)收益性 (C)風險性 (D)市場效率性。 【證券商業務員測驗】

( ) 11. 下列何者屬於「證券分析」的目的？ (A)決定投資目標及可投資金額的多寡 (B)尋找某些價格被高估或低估的資產 (C)決定欲投資的資產類型以及各種資產要投入的資金數額 (D)評估投資組合的績效。 【證券商業務員測驗】

( ) 12. 下列何者不是零息債券所會面對的風險？ (A)利率風險 (B)違約風險 (C)購買力風險 (D)再投資風險。 【證券商業務員測驗】

( ) 13. 證券的價格決定於： (A)大多數人的交易決策 (B)投資銀行 (C)交易所 (D)發行公司。 【證券商業務員測驗】

( ) 14. 資本市場可分為股票市場與： (A)票券市場 (B)債券市場 (C)外匯市場 (D)不動產市場。 【證券商業務員測驗】

( ) 15. 無擔保品的公司債稱為： (A)可贖回公債 (B)信用債券 (Debenture) (C)垃圾債券 (D)可轉換公司債。 【證券商業務員測驗】

( ) 16. 假設市場屬於半強式效率市場，請問股價會因為何種因素而超漲？ (A)已公開的財務報告 (B)技術指標上揚 (C)公司內部人的拉抬 (D)股票股利的宣告。 【證券商業務員測驗】

( ) 17. 在資本市場線(CML)與證券市場線(SML)中，描述風險的指標分別為： (A)變異數、貝它值 (B)標準差、貝它值 (C)貝它值、變異數 (D)貝它值、標準差。 【證券商業務員測驗】

( ) 18. 根據資本資產定價模式(CAPM)，所有投資組合必須： (A)提供相同之預期報酬 (B)提供相同之風險 (C)提供相同之風險及報酬 (D)位於證券市場線(Security Market Line)上。 【證券商業務員測驗】

( ) 19. 在資本資產定價理論(CAPM)中，β 值越小，表示： (A)預期報酬率低估 (B)預期報酬率高估 (C)風險越大 (D)風險越小。

【證券商業務員測驗】

( ) 20. 債券信用評等的功能，以下何者為非？ (A)作為違約風險的指標 (B)衡量發行公司的籌資能力 (C)提供法令規定投資等級的依據 (D)作為投資股票的主要指標。 【證券商業務員測驗】

( ) 21. 公司債的市場價格主要受下列何者影響？ (A)市場利率 (B)票面利率 (C)央行貼現率 (D)一年期定存利率。 【證券商業務員測驗】

( ) 22. 股票投資組合之報酬率： (A)為個別股票報酬率之算術平均 (B)為個別股票報酬率之加權平均 (C)為個別股票報酬率之幾何平均 (D)選項(A)、(B)、(C)皆可。 【證券商業務員測驗】

( ) 23. 產生通貨膨脹時，將使證券市場線： (A)向下平移 (B)向上平移 (C)斜率變緩 (D)斜率變陡。 【證券商業務員測驗】

( ) 24. 資本資產定價理論(CAPM)認為貝它值(Beta)為 1 證券的預期報酬率應為： (A)市場報酬率 (B)零報酬率 (C)負的報酬率 (D)無風險報酬率。 【證券商業務員測驗】

( ) 25. 依據史坦普(S&P)公司對債券信用評等的等級來看，A 等級與 AA 等級何者較高？ (A)A (B)AA (C)相同 (D)無法判斷。

【證券商業務員測驗】

( ) 26. 應用固定成長股利折現模式時，降低股票的要求報酬率，將造成股票真實價值： (A)增加 (B)減少 (C)不變 (D)可能增加或減少。

【證券商業務員測驗】

( ) 27. 債券價格下跌的原因可能為： (A)市場資金大幅寬鬆 (B)流動性增加 (C)發行公司債之公司信用評等下降 (D)違約風險減少。

【證券商業務員測驗】

( ) 28. 下列敘述何者正確？ (A)債券價格與殖利率呈反向關係 (B)債券價格與票面利率呈反向關係 (C)到期期限越長的債券，價格波動幅度越小 (D)到期期限越長的債券，票面利率越高。
【證券商業務員測驗】

( ) 29. 投資於股票的報酬等於： (A)資本利得 (B)股利所得 (C)資本利得加股利所得 (D)資本利得加利息所得。 【證券商業務員測驗】

( ) 30. 下列何者不是信用評等時的主要評估因素？ (A)發行公司的盈餘 (B)發行公司的經營效率 (C)發行公司的負債比率 (D)發行公司的成立時間。 【證券商業務員測驗】

( ) 31. 有關債券的敘述，下列何者有誤？ (A)公司債僅在臺灣證券交易所進行交易 (B)可轉換公司債指投資人可在該公司股票一定價格時有權利轉換為一定的股數 (C)公司債的利息支出得以減免公司所得稅 (D)債券的風險比股票低。 【證券商業務員測驗】

( ) 32. 股利固定成長之評價模式—高登模式(Gordon Model)在何種情況下無法適用？ (A)折現率大於股利成長率 (B)折現率小於股利成長率 (C)股利成長率小於 0 (D)股利成長率等於 0。 【證券商業務員測驗】

( ) 33. 下列敘述何者有誤？ (A)濾嘴法則可用來檢定市場是否符合弱式效率假說 (B)當市場具有效率時，代表投資人無投資報酬可言 (C)半強式效率市場的成立，將使基本分析無效 (D)台灣股票市場不符合強式效率市場。 【證券商業務員測驗】

( ) 34. 股利折現模式，不適合下列哪種公司的股票評價？ (A)銷售額不穩定的公司 (B)負債比率高的公司 (C)連續多年虧損的公司 (D)正常發放現金股利的公司。 【證券商業務員測驗】

( ) 35. 下列何種債券可提供投資人對利率上漲風險的保護？ (A)浮動利率債券 (B)固定利率債券 (C)可提前償還公司債 (D)股權連動債券。 【證券商業務員測驗】

( ) 36. 下列有關債券信用評等功能的敘述，何者有誤？ (A)作為違約風險的指標 (B)衡量發行公司的籌資能力 (C)提供法令規定投資等級的依據 (D)作為投資股票的主要指標。 【證券商業務員測驗】

( ) 37. 某公司今年發放 3.4 元的股利，若預期其股利每年可以 6%的固定成長率成長，及股東的要求報酬率為 12%時，則其預期股價為何？ (A)58 元 (B)60 元 (C)62 元 (D)64 元。 【證券商業務員測驗】

( ) 38. 最能符合一般投資人利益之資本市場是具有何種效率之條件？ (A)半強式效率 (B)半弱式效率 (C)強式效率 (D)弱式效率。 【證券商業務員測驗】

( ) 39. 固定收益證券承諾： (A)定期支付固定利息 (B)對公司有選舉權 (C)保證價格上漲 (D)配發股利。 【證券商業務員測驗】

( ) 40. 下列哪一項金融工具風險最高，同時亦具有最高的潛在報酬？ (A)衍生性證券 (B)普通股 (C)特別股 (D)債券。 【證券商業務員測驗】

( ) 41. 在股利折現模型(Dividend Discount Model)裡，下列何者不會影響折現率？ (A)實質無風險利率 (B)股票之風險溢酬 (C)資產報酬率 (D)預期通貨膨脹率。 【證券商業務員測驗】

( ) 42. 公司採行高現金股利政策時，可能會造成下列何種影響？ (A)股本增加 (B)盈餘被稀釋 (C)現金減少 (D)每股淨值增加。 【證券商業務員測驗】

( ) 43. 對投資債券與股票來說，下列何項風險僅對投資債券造成影響，卻不會影響股票投資？ (A)利率風險 (B)購買力風險 (C)贖回風險 (D)事業風險(Business Risk)。 【證券商業務員測驗】

( ) 44. 投資股票所能賺取的所有現金流量的現值稱為： (A)股利發放率 (B)真實價值 (C)本益比 (D)保留盈餘率。 【證券商業務員測驗】

( ) 45. 在股利折現模型(Dividend Discount Model)裡，下列何者不會影響折現率？ (A)實質無風險利率 (B)股票之風險溢酬 (C)資產報酬率 (D)預期通貨膨脹率。 【證券商業務員測驗】

( ) 46. A 一年前以 98 萬元購買 100 萬元之 5 年期零息債券，若目前市場利率為 2%，則 A 於債券到期時可領回多少元？ (A)980,000 元 (B)1,000,000 元 (C)1,081,999 元 (D)1,104,081 元。

【理財規劃人員測驗－第 4 屆】

( ) 47. 有關債券的種類，下列敘述何者錯誤？ (A)依發行機構可分為公債、公司債、金融債券 (B)依發行形式可分為實體公債與無實體公債 (C)依票息之有無可分為有息債券與永久債券 (D)依債權之性質可分為普通債券與次順位債券。 【理財規劃人員測驗－第 11、18 屆】

( ) 48. 某投資人購買一張剛發行之 5 年期零息債券 100 萬元，若當時之市場殖利率為 2%，則該投資人需付出多少金額來買此債券？ (A)905,700 元 (B)942,322 元 (C)1,000,000 元 (D)1,055,667 元。 【理財規劃人員測驗－第 9 屆】

( ) 49. 投資人於 2018 年 10 月 1 日買入某期剛付完息的政府債券，該期債券主要的資料為：買入面額 500 萬元，2017 年 10 月 1 日發行，發行期間為 5 年期，每年付息一次，發行當時的票面利率為 3%，投資人買入利率為 2%，則其買入價格為？（取最近值） (A)5,190,155 元 (B)5,181,429 元 (C)5,173,913 元 (D)5,168,172 元。 【理財規劃人員測驗－第 13 屆】

( ) 50. A 先生於 2017 年 11 月 10 日買入剛付完息之中央政府公債，面額 1,000 萬元，發行日期為 2014 年 11 月 10 日，票面年息 4%，每半年付息一次，五年期，期滿一次付清，若買入該公債之年殖利率為 3%，則其買入價格為何者？（取最近值） (A)10,159,086 元 (B)10,165,572 元 (C)10,187,423 元 (D)10,192,719 元。

【理財規劃人員測驗－第 12 屆】

( ) 51. 假設某公債於 2018 年 8 月 14 日剛付完息，其面額 100,000 元，
年息 6%，半年付息一次，2013 年 2 月 14 日發行 7 年期，到期一
次還本，若該公債目前殖利率為 2.5%，則其價格為何？
(A)105,121 元　(B)100,000 元　(C)95,121 元　(D)102,151 元。

【理財規劃人員測驗－第 5 屆】

( ) 52. 某公債交易商以 100 萬元向中央銀行標購一筆 2 年期的政府債
券，面額 100 萬元，發行票面利率 2.75%，每年付息一次，該交
易商當日隨即在次級市場以 2.5% 殖利率出售，則此筆交易的實際
資本利得為多少元？　(A)2,891 元　(B)3,854 元　(C)4,818 元
(D)5,000 元。

【理財規劃人員測驗－第 4 屆】

( ) 53. B 先生購買 100 萬元當日發行之 3 年期債券，票面利率為 3%，每
年付息一次，一年後剛付完息，市場利率降到 2%，B 先生即將該
債券拋售，則 B 先生投資此債券之損益共計多少元？　(A)獲利
32,000 元　(B)獲利 49,400 元　(C)損失 49,400 元　(D)損失
32,000 元。

【理財規劃人員測驗－第 8 屆】

( ) 54. 甲以 3% 的利率購買 A、B 兩公司債，面額皆為 5,000 萬元，A、
B 之票面利率各為 5%、2%，兩支債券皆餘 3 年到期，則 A、B 債
券，何者需以溢價方式購買？　(A)A 券　(B)B 券　(C)AB 皆需要
(D)AB 皆不需要。

【理財規劃人員測驗－第 7 屆】

( ) 55. 下列何種不是零息債券所會面對的風險？　(A)利率風險　(B)違約
風險　(C)再投資風險　(D)購買力風險。　【證券商業務員考題】

( ) 56. 一般債券為什麼會存在再投資風險，其原因為　(A)利率的變動
(B)債券被發行公司提前贖回　(C)債息之支付　(D)選項(A)(B)(C)皆
是。　【證券商業務員考題】

( ) 57. 若目前國庫券利率為 4.75%，而一零息債券的 YTM 為 5.87%，則
C 投資人購買該零息債券並持有到期，則他實際可獲得多少報酬
率？　(A)4.75%　(B)5.26%　(C)5.31%　(D)5.87%。

【證券商業務員考題】

(　) 58. 下列敘述何者不正確？　(A)債券價格與殖利率是反向關係　(B)期限越長的債券，價格波動幅度越大　(C)票面利率與債券市場價格呈正面關係　(D)債券價格與面額呈反向關係。　【證券商業務員考題】

(　) 59. 公司債的市場價格主要受下列何者影響？　(A)市場利率　(B)票面利率　(C)央行貼現率　(D)一年期定期利率。　【證券商業務員考題】

(　) 60. 當市場利率或殖利率大於債券的票面利率時，該債券應是處於　(A)折價　(B)溢價　(C)等於面額　(D)不一定。　【證券商業務員考題】

(　) 61. 債券價格上漲的原因可能為：　(A)市場資金大幅吃緊　(B)流動性增加　(C)發行公司債之公司信用評等下降　(D)違約風險增加。　【證券商業務員考題】

(　) 62. 債券價格下跌的原因可能為：　(A)市場資金大幅寬鬆　(B)流動性增加　(C)發行公司債之公司信用評等下降　(D)違約風險減少。　【證券商業務員考題】

(　) 63. 當市場利率或殖利率小於債券之票面利率時，該債券應是　(A)折價　(B)溢價　(C)平價　(D)無法判斷。　【證券商業務員考題】

(　) 64. 其他條件不變，當債券殖利率上升時，則債券價格會　(A)上漲　(B)下跌　(C)不變　(D)不一定。　【證券商業務員考題】

(　) 65. 下列現象，何者與半強式市場效率不符？　(A)投資人無法利用技術分析獲得超額報酬　(B)公司利潤受景氣循環影響　(C)公司宣布股利較市場預期為高時股價立即上漲　(D)在除權、除息日前買入股票，等除權、息後再賣出之投資策略可獲超額報酬　(E)散戶與公司董監事買賣股票之報酬有明顯差異。　【台大財金所】

(　) 66. 研究顯示當上市公司宣布獲利遠超過預期時，其股票將有超額報酬並達數月之久。請問這項研究結果代表：　(A)弱式的效率市場　(B)弱式的不效率市場　(C)半強式的效率市場　(D)半強式的不效率市場　(E)強式的不效率市場。　【台大財金】

( ) 67. 請問下列何者不正確？ (A)負債有未來固定償付的承諾 (B)權益沒有到期日，可以自行選擇分享公司的經營成果的時機 (C)權益所得的現金流量來自現金流量，能做為稅賦的減項 (D)股東享有較大的經營權，而債權人的控制權受限。 【政大財管所】

( ) 68. 下列有關利率變動影響的敘述，何者正確？ (A)央行大舉實施沖銷政策，利率會上升 (B)發行可贖回債券的利率一定會低於不可贖回債券，才會有人買 (C)公司的債信評等由 AAA 級調到 AA 級，則新發行債券的利率亦會下降 (D)公司新發行的債券附有「償債基金」規定，其利率會高於無「償債基金」。 【中原財管所】

( ) 69. 若其他因素不變，若公司債的價格下降，則代表： (A)債券的殖利率增加 (B)債券的到期獲利率下跌 (C)債券的票面利率增加 (D)債券的票面利率下跌。 【台大財金】

( ) 70. 普通股股東的權利包括： (A)選舉董事的權利 (B)出售所擁有股份的權利 (C)同比例承購新股的權利 (D)以上只有二項正確 (E)以上(A)(B)(C)皆正確。 【台大財金】

( ) 71. 效率市場假說成立意謂： (A)價格完全可預測 (B)價格完全不再變化 (C)過去交易有助於未來價格預測 (D)透過技術分析可獲超額報酬 (E)所有訊息已反映在現在價格。 【台電、中油】

( ) 72. 在半強式效率市場之假設下，下列敘述何者不正確？ (A)使用技術分析無法獲得超額報酬 (B)使用基本分析無法獲得超額報酬 (C)使用內線消息無法獲得超額報酬 (D)投資人經由刊物分析股票無效。 【台電】

( ) 73. 對公司而言，發行下列何種證券之破產風險最低？ (A)附認股權公司債 (B)可轉換公司債 (C)短期債券 (D)股票。 【台電、中油】

( ) 74. 下列有關普通股的敘述，何者有誤？ (A)增加發行普通股，可降低公司負債比率 (B)增加發行普通股，每股盈餘(EPS)會增加 (C)

普通股無固定到期日　　(D)普通股股利，不得當作費用處理　　(E)公司有盈餘時，可參與分配。　　　　　　　　　　　　【台電、中油】

(　) 75. 如果裕隆汽車股價是 36 元，每股稅前盈餘是 4 元，公司所得稅率是 25%，則其本益比為：　　(A)9 倍　　(B)11 倍　　(C)12 倍　　(D)15 倍　　(E)18 倍。　　　　　　　　　　　　　　　　　　　　　【台電、中油】

(　) 76. 股票之持有期間報酬(holding period return)為該持有期間之：　　(A)資本利得殖利率加上風險溢酬　　(B)股利殖利率加上風險溢酬　　(C)資本利得殖利率加上股利殖利率　　(D)資本利得殖利率加上通貨膨脹率。　　　　　　　　　　　　　　　　　　　　　　　　　【台電、中油】

(　) 77. 下列有關債券利率之敘述，何者有誤？　　(A)附有贖回條款之債券利率應較不可贖回之債券利率為低　　(B)有償債基金之債券利率應較無償債基金之債券利率為低　　(C)債券之市價越高，到期殖利率(yield to maturity)越高　　(D)可轉換公司債之利率應較不可轉換公司債之利率為低。　　　　　　　　　　　　　　　　　　　　　【台電、中油】

(　) 78. 若股價已完全反映所有相關訊息，則此市場為：　　(A)完全市場(complete market)　　(B)完美市場(perfect market)　　(C)強式效率市場 (strong-form efficient market)　　(D)弱式效率市場(weak-form efficient market)。　　　　　　　　　　　　　　　　　　　　　　　【高考】

(　) 79. 在弱式效率市場下，下列何者為真？　　(A)股票報酬率呈正序列相關(serial correlation)　　(B)股票報酬率呈負序列相關　　(C)股票報酬率無序列相關　　(D)股票價格無序列相關。　　　　　　　　　【高考】

(　) 80. 若經由技術分析，亦無法得到超常報酬，則此市場無法拒絕何種效率市場假說：　　(A)弱式效率市場　　(B)半強式效率市場　　(C)強式效率市場　　(D)以上皆是。　　　　　　　　　　　　　　　　　　　【高考】

(　) 81. 有一特別股，每年股利 6 元，若投資人要求 12% 的報酬率，則此一特別股之價格應為：　　(A)57.25 元　　(B)50.00 元　　(C)62.38 元　　(D)46.75 元。　　　　　　　　　　　　　　　　　　　　　　　　　【高考】

（　）82.下列有關債券的敘述，何者錯誤？　(A)債券價格與利率間成反比　(B)債券距到期日越遠，其價格隨市場利率變動的敏感性越大　(C)永續債券沒有固定到期日　(D)短期債券的利率風險高於長期債券。　　　　　　　　　　　　　　　　　　　　　　　　　　　【高考】

（　）83.哪一類企業適合採用固定成長股利折現模式，來衡量其企業價值？　(A)草創企業　(B)高成長企業　(C)穩定成長企業　(D)資產重置型企業。　　　　　　　　　　　　　　　　　　　　　　　　　　　　　　【高考】

（　）84.某公司預計 1 年後之現金股利為每股 2.4 元，且將以每年 10％的成長率穩定成長，若該股票之價值為每股 60 元，根據股利成長模式，該公司的必要報酬率為：　(A)16％　(B)14％　(C)12％　(D)10％。　　　　　　　　　　　　　　　　　　　　　　　　　　【高考】

（　）85.面額 100 元、票面利率 12％、期限為 2 年的債券，如果半年付息一次，已知目前市場利率為 11％，則目前債券價格為：　(A)103.63 元　(B)101.82 元　(C)98.19 元　(D)96.37 元。　　　【高考】

（　）86.若預估 A 股明年每股現金股息為 2 元，折現率為 15％，成長率為 10％，則依固定成長率之股息成長模式，A 股之合理價格為：　(A)40 元　(B)20 元　(C)3.3 元　(D)50 元。　　　　　　　　【高考】

（　）87.假設一普通股每年支付 3.50 元的股利，其成長率是零，而折現率為 8％，則此普通股之股價應為多少？　(A)22.86 元　(B)28 元　(C)42 元　(D)43.75 元。　　　　　　　　　　　　　　　　　　【高考】

（　）88.若一股票目前的售價為 40 元，每年 EPS 為 3 元，則其本益比為多少？　(A)0.075　(B)7　(C)13.33　(D)以上皆非。　　　　　【高考】

二、問答及計算題

1. 技術分析可以擊敗市場(beat market)嗎？請以效率市場假說說明之。

2. 1 年前你購買了還有 6 年到期的債券，其面額為$1,000，票面利率 (coupon rate)是 10%，每年付息一次。當初你購買時，到期收益率 (yield to maturity)為 7%，假如你在第一次票息支付後將此債券賣掉，而到期收益率仍然是 7%，則你這一年持有此債券的年報酬率為？

【台大財金】

3. 若一個 30 年期票面利率為 4%，到期收益率為 8% 之付息債券，面值是 $1,000，每年付息一次，若在第一年年底之到期收益率降至 7%，且投資人在第一年年底即賣出，當投資人之利息所得稅之稅率為 36%，資本利得稅之稅率 28%，試計算投資人之總稅後報酬率為何？ 【中原國貿】

4. 試回答下列問題：以「○」表示對，「×」代表錯，並說明之：
   (1) 系統風險越高，本益比越低。
   (2) 資金成本越低，本益比越高。
   (3) 採用較保守會計方法的公司，其本益比會較低。
   (4) 成長前景良好的公司，其本益比會比成長前景黯淡的公司本益比為低。

【政大金融】

5. 有 1 張政府公債面額 10 萬元、票面利率 12%、每年付息一次，發行滿 1 年時付第一次利息，滿 5 年時付最後一筆利息並還本。若投資人要求的報酬率為 10%，請回答下列問題：
   (1) 每次付息金額多少？最後還本金額多少？
   (2) 投資人願意出的最高價格為何？

【升等】

6. W 公司發行一個每張面額 10 萬元的 5 年期債券，票面利率 8%，每年付息一次，發行當時的債券殖利率為 7.5%。3 年後（距到期日尚有 2 年），市場對此同等級債券所要求的殖利率下降至 7%，請分別計算出時間消逝及市場利率下跌對該債券價值的影響金額？ 【淡江財金所】

7. 利用本益比(P/E)對公司之股票進行評價，乃是一般投資人常用之方法。試討論為何本益比可以用來對一家公司之股票進行評價？請詳加說明。

【高考】

8. 甲公司是一個成長型的公司,預計未來 2 年無股利可以發放,第 3 年、第 4 年預期各有每股 2 元的股利發放,而後每年將以 5%成長率繼續成長。目前無風險利率為 3%,市場預期報酬率為 13%,甲公司的 β 值為 1.5,請問甲公司的股票值多少?另外,請簡述 β 的定義,選擇股票投資應選 β 越大還是越小? 【地方三等】

9. 某一債券面額 1,000 元,票面利率為 8%,每季末付息一次,每季息票金額均等,5 年後到期,最後 1 年分 4 季將本金攤提完畢,當市場利率為 12% 時,請問該債券值多少錢?請問未來預期利率會升到 13% 時,請問您現在要買入這張債券嗎?為什麼? 【地方三等】

10. 某投信公司發行的股票型基金組合包括中華電信、中鋼與台積電三種股票,三者的投資比例分別為 50%、30%與 20%,各自的 β 值為 2、1 與 0.5。假設台灣證券市場報酬率為 5%,無風險報酬為 2%。假設中華電信股票目前每股市價維持在 55 元,該基金剛收到該公司分配上一年度的每股現金股息 4 元的同時,董事會預期往後的每年現金股利成長幅度為 4%。試計算下列問題:

    (1) 該股票型基金組合的 β 值?係屬於何種類型的投資組合?

    (2) 該股票型基金的風險溢酬?

    (3) 該股票型基金要求的報酬率?

    (4) 基金經理人要求的中華電信股票的報酬率?

    (5) 試分析基金經理人目前出售中華電信股票,是否有利? 【高考】

11. 所謂的效率市場,經常被形容為「天下沒有白吃的午餐」此原則的應用,請詳細說明這個觀念。 【身心障礙三特】

12. 以市場效率假說來分析市場時,可能存在四種狀況:(a)市場不符合弱式效率市場假說;(b)市場符合弱式效率市場假說,但不符合半強式效率市場假說;(c)市場符合半強式效率市場假說,但不符合強式效率市場假說;(d)市場符合強式效率市場假說。請分別說明此四種狀況的意義,並針對下列三種現象討論其是否存在獲得超常報酬的機會。

    (1) 股票持續上漲 30 日。

    (2) 某一公司公布其財務報表，但您個人發現其中有運用技巧窗飾報表的行為。

    (3) 某一公司之高層主管過去 1 週內持續於市場中買進其公司之股票。

【高考】

13. 假定無風險利率等於 10%，市場投資組合報酬率為 15%，而賓士汽車公司的 β 值等於 1.7。試問：

    (1) 若下年度賓士汽車公司打算發放 2 元的股利，且股利成長率每年固定等於 6%，則該公司的股票每股售價將為多少？

    (2) 若由於中央銀行增加貨幣供給量，使無風險利率由 10% 降到 8%，則賓士汽車公司的每股股價會發生什麼變化？

    (3) 假定由於投資人風險迴避程度下降，使市場投資組合報酬率由 15% 降為 12%，此時賓士汽車公司的股票每股股價為何？

    (4) 假定賓士汽車公司的經營策略改變，使公司的固定股利成長率由原來的 6% 上升到 8%，而 β 值由 1.7 下降到 1.3，則該公司股票的新均衡價格應為何？

【地方三等】

14. 在股票評價模式中，假設股價為固定成長股，試用折算現金流量 (discount cash flow)概念來推導股票的評價模式。   【基層特考】

15. 依據股票評價模式，回答下列問題：

    (1) 零成長的股票，其股利和股價的關係應為何？

    (2) 上述零成長若並非因為 ROE=0 所致，則股票本益比和股票報酬率有何關係？

【基層特考】

16. 高雄公司股票之股利均以現金發放，其盈餘及股利每年均按 10% 之固定成長率增加。剛發放過之股利每股為 3 元，假設投資人對此一股票要求之報酬率係由資本資產訂價模式求算而得。今知此一股票之 β 值為 1.2，市場投資組合（以股價指數代替）之預期報酬率為 15%，無風險報酬率為 7%。試問利用股利折現模式可推知此一股票之價值每股應為若干？

【基層特考】

Chapter **06**

資金成本

Financial Management :
Theory and Practice

在財務管理的範疇內，資金成本(cost of capital)、資本預算(capital budgeting)及資本結構(capital structure)都是重要的財務議題，而這些議題都與企業能否永續經營有關。首先，我們先來介紹資金成本。

6-1 資金成本的角色

資金成本，也就是使用資金的成本。因為企業在進行任何的財務決策，簡單如各種負債的利息費用，複雜如固定資產的購置或是廠房機器之擴建或重置，都會產生現金流出。為了反應這些現金流出，企業必須有各種現金流入的來源因應，因此而產生了資金成本。

資金是一種經濟資源，所以企業取得資金，也要支付成本。對於不同的資金供應者而言，這些資金成本都有不同的名稱與涵義。例如透過發行普通股來籌措資金，此成本是指對新股東盈餘的分享，因為就相同的股利發放總額來說，原有股東每股可分得之股利將會減少。另外，對於債權持有人或是金融機構，則為定期支付的利息支出，所以，使用資金必然是要付出代價的。

所以對於財務管理而言，做任何投資決策，除了決策本身所產生的現金流量外，資金成本的大小也會是一個很重要的變數。因為資金成本是任何投資活動或決策能賺取的必要報酬率，而且此投資決策之預期報酬率，要大於必要報酬率，此投資決策才值得執行，否則應該要拒絕。

6-2 資金成本的估計

在財務管理的學理中，每種常見的資金成本，都有其估計方式，常見的資金成本例如：負債成本、特別股成本、保留盈餘成本（又叫內部

權益資金成本）、新普通股成本（又叫外部權益資金成本）等等，然後再計算整體的「加權平均資金成本」(weighted average cost of capital, WACC)。

一、負債成本

我們可以利用第五章證券評價的模式，從已知的債券價格、票面利息及到期價格，來反推已發行債券所提供的報酬率，公式如下：

$$P_{i,0} = \sum_{t=1}^{n} \frac{C_i}{(1+K_d)^t} + \frac{FV_i}{(1+K_d)^n} \qquad （公式一）$$

其中，K_d 是指負債的稅前資金成本，其他變數例如：價格、到期日、利息與還本金額為已知，則可推估 K_d。另外，由於負債融資所支付的利息可以用來抵稅，所以實質的負債成本應以稅後基礎來表示。若所得稅稅率為 t%，則稅後負債成本為 $K_d \times (1-t\%)$。例如：台積電的稅前負債成本是 10%，其所得稅稅率為 20%，則稅後負債成本為 $10\% \times (1-20\%) = 8\%$。另外，若負債成本是用於資本預算決策，則不應以（公式一）計算稅前負債成本，因為其反映的是舊債的資金成本，也就是目前公司所承擔的負債成本水準，而資本預算決策是一種對未來投資的評估，而且舊債無法反應現實資金市場的情況，所以要以新債的淨發行價格，作為價格的變數值，以取得發行新債時應支付的資金成本，做為稅前的負債成本，則此時，可以用 $K_d \times (1-t\%)$ 來估計稅後負債成本。

小試身手 ①

如果台積電平價發行之債券票面利率為 15%，公司所得稅稅率為 20%，則台積電稅後負債成本為多少？

二、特別股成本

我們也可以使用第五章的股價評價模式，推估特別股融資的資金成本 K_P，若使用股利零成長模型，則：

$$P_0 = \frac{D_P}{K_P}$$

所以

$$K_P = \frac{D_P}{P_0}$$

與負債成本不同之處，在於特別股股利 (D_P) 不能用來抵稅，所以沒有稅前稅後的差別。如果用在資本預算決策，則特別股指的就是新發行的特別股，價格也是淨發行價格，與原先流通在外的特別股無關。

小試身手 ②

若台積電發行特別股，而每年支付 5 元的每股特別股利，發行價格為 20 元，則特別股的資金成本是多少？

三、保留盈餘成本

保留盈餘是指企業歷年的盈餘，並未發放給股東，而是供企業未來使用，所以保留盈餘是屬於內部權益資金，而從經濟學的角度而言，雖然是屬於企業內部的自有資產，但也有成本概念，此成本是一種機會成本，因為股東可以將盈餘投資其他資產，獲得其必要的報酬率，所以若企業將保留盈餘用在內部的投資決策，則必須要能為股東賺取大於股東自行投資的報酬率，否則股東會有損失。至於該如何估計保留盈餘的成本呢？實務上有下列三種方法：

1. 股利折現模式法

利用第五章股利折現模式，並且假設未來股利以固定成長率(g)持續成長，則普通股之必要報酬率 K_e 計算如下：

$$K_e = \frac{D_0(1+g)}{P_0} + g$$
$$= \frac{D_1}{P_0} + g$$

其中 D_0 表第 0 期（當期）之股利

D_1 表第 1 期（下期）之股利

而 $\frac{D_1}{P_0}$ 表示股利率

只要企業過去的盈餘與股利維持穩定成長，且預期能維持不變，則可以過去的股利成長率來推測 g 的估計值。

小試身手 ③

若台積電對來年現金股利預期為每股 4.5 元，目前股價為 60 元，股利成長率估計為 10%，則保留盈餘的資金成本為多少？

2. 資本資產訂價模式(CAPM)

可以利用 CAPM 的模式來推估股東要求的最低報酬率為公司的資金成本，所以：

$$K_e = R_f + \beta_i(R_m - R_f)$$

小試身手 ④

若國庫券利率為 6%，市場投資組合預期報酬率為 20%，且台積電股票之 β 係數為 1.5，則保留盈餘的資金成本為多少？

3. 債券殖利率(YTM)加風險溢酬法

若是有長年不支付股利或缺乏市場交易的公司，則不容易使用上述兩種方法來推估普通股的最低報酬率，所以，我們可以利用債券的殖利率再加上某些程度的風險溢酬（約 2%~4%），作為普通股必要報酬的估計值。其中債券的殖利率，可以使用公司各種長期負債的平均殖利率。所以其簡易的估計值為 $K_e = \overline{Y} + (2\% \sim 4\%)$，$\overline{Y}$ 表示公司各種長期負債的平均殖利率。例如：台積電的長期負債平均殖利率為 20%，股東希望的風險溢酬約 2%，則普通股的必要報酬率約為 $20\% + 2\% = 22\%$。

四、新普通股成本

企業若欲發行新的普通股向外籌措資金時，必須考慮發行成本。所謂發行成本是指從提交主管機關審核到將股票發放給認購新股投資人的過程當中，所有發生的費用，例如：承銷商的佣金及一定程度的折價。由於發行成本會使發行公司無法取得足夠的資金，所以發行公司必須要較原來估計多發行新股。

考慮發行成本後，則新普通股的必要報酬率(K'_e)可以利用股利成長固定的股利折現模式估計，則公式為：

$$K'_e = \frac{D_1}{P_0(1-F)} + g$$

其中 F 表示發行成本占每股名目價格的比例，所以 $P_0(1-F)$ 表示扣除發行成本後，發行公司可得的每股實收價格，因為 $P_0(1-F) < P_0$，所以 $K'_e > K_e$，因此新普通股的成本高於原有普通股的成本。另外若發行特別股，也要考慮到發行成本，則：

$$K'_P = \frac{D_P}{P_0(1-F)}$$

若台積電來年的現金股利每股為 4.5 元,股利成長率約為 10%,公司計畫以每股 65 元的價格發行新股,需支付每股發行成本為 6.5 元,相當於發行價格的 10%,則新普通股的資金成本為多少?

在了解上述四種經常會使用的資金成本後,便可以計算加權平均資金成本。一般來說,企業至多使用負債、普通股及特別股三種資本,所以公式如下:

$$WACC = W_d \times K_d \times (1 - t\%) + W_e \times K_e + W_P \times K_p$$
$$= \frac{D}{D+E+P} \times K_d \times (1 - t\%) + \frac{E}{D+E+P} \times K_e$$
$$+ \frac{P}{D+E+P} \times K_p$$

其中 D、E、P 分別表示企業使用負債、普通股及特別股的金額,其金額可以用市價估計,在實務上也可以用帳面價值(淨值)代替。

若台積電的資本結構,長期負債為 40%,特別股為 25%,普通股為 35%,而稅前資金成本分別為 12%、15%、17%,公司所得稅稅率為 30%,則台積電之加權平均資金成本為何?

習題 | Exercise

一、選擇題

( ) 1. 甲公司打算發行每股面值 60 元，股利率 10% 之特別股，其每發行 1 股就必須負擔相當於每股市價 5% 的發行成本。目前每股市價為 56 元，試問甲公司的新特別股資金成本為何？　(A)10.28%　(B)10.71%　(C)11.71%　(D)11.28%。　　　　　　【台電、中油】

( ) 2. 下列有關資金成本之敘述，何者錯誤？　(A)公司使用保留盈餘為內部權益資金，不會產生資金成本　(B)一公司之舉債稅前資金成本，高於該公司向外現金增資之資金成本　(C)在其他條件維持不變下，一公司之加權平均資金成本和公司所得稅成正比　(D)一公司的加權平均資金成本可用為公司所有投資案（包括所有風險水準）之折現率。　　　　　　　　　　　　　　　　　　　　　　【台電、中油】

( ) 3. 永大公司之負債資金成本為 7%，權益資成本為 10%，邊際稅率為 25%，若該公司目標負債比率為 40%，則加權平均資金成本為：(A)8.1%　(B)8.4%　(C)8.6%　(D)8.8%。　　　　　　　　　【台電、中油】

( ) 4. 下列有關計算加權平均資金成本的敘述，何者是錯誤的？　(A)必須考量舉債的稅盾效益　(B)所使用的權重，應參考各資金來源的市場價值，而非帳面價值　(C)以最適的資本結構，充當計算權重(D)以目前的資本結構，充當計算權重。　　　　　　　　　　　【高考】

( ) 5. 現金增資的資金成本：　(A)等於零　(B)大於保留盈餘的資金成本(C)等於發行成本　(D)小於負債的資金成本。　　　　　　　　【高考】

( ) 6. 公司甲目標資本結構為負債 40%，股東權益為 60%，負債成本為 14%；公司稅率為 40%，目前現金股利為每股 2 元，股價為 20 元，成長率為 5%，發行新股之發行成本為所募資金之 10%，下表有 4 個獨立且不可分割的投資案，風險皆在平均水準，則其最適的

資本預算總額為何？　(A)1,500 萬元　(B)1,300 萬元　(C)1,050 萬元　(D)950 萬元。

計畫	投資成本	內部報酬率(IRR)
A	250 萬元	14.0%
B	500 萬元	13.6%
C	750 萬元	13.5%
D	250 萬元	12.8%

【高考】

(　) 7. 計算企業舉債的資金成本時，下列哪項因素是無關的？　(A)目前的利息費用　(B)舉債金額　(C)未來適用的稅率　(D)目前的債信評等。　　　　　　　　　　　　　　　　　　　　　　　　　　　　【高考】

(　) 8. 假設對明年現金股利的預期為每股 4.5 元，目前股價為 90 元，如果股利成長率為 10%，則保留盈餘的資金成本是多少？　(A)0%　(B)10%　(C)14.5%　(D)15%。　　　　　　　　　　　　　　【高考】

(　) 9. β 值對於下列何種計算有用處？　(A)公司的變異數　(B)公司的折現率　(C)公司的標準差　(D)非系統性風險。　　　　　　　【高考】

(　) 10. 設稅率為 35%，某公司為其負債支付 9% 的利息，且自有資金的預期報酬率是 15%，假設資產中有 45% 以負債融資。請計算此公司的加權平均資金成本為：　(A)7.52%　(B)9.67%　(C)10.88%　(D)12.30%。　　　　　　　　　　　　　　　　　　　　　　【高考】

(　) 11. 某公司的自有資金預期報酬率為 14%，稅後的負債成本為 6%，若它想維持其加權平均資金成本為 10%，則負債與自有資金之比率應為多少？　(A)0.50　(B)0.75　(C)1.00　(D)1.50。　　　　【高考】

(　) 12. 下列有關權益資金成本的敘述，何者為真？　(A)內部權益金成本是指公司向員工募集股權資金所花費的資金成本　(B)外部權益資金成本是指公司向債權人募集資金所花費的資金成本　(C)就公司

經營者而言，權益資金是危險的資金來源，因此其資金成本較債務資金成本為高　(D)一公司內部權益資金成本可以由資本資產訂價模式預估而得。　　　　　　　　　　　　　　　　　　【高考】

(　) 13. 大路公司擬向台本銀行貸款來支應公司擴廠計畫，已知貸款利率是 12%，大路公司所得稅率是 25%，台本銀行公司所得稅率是 20%。則大路公司之負債資金成本是多少？　(A)9.0%　(B)9.6%　(C)12.0%　(D)以上皆非。　　　　　　　　　　　　　　　　【高考】

(　) 14. 海南公司最近打算籌資設廠，已知該公司之普通股、特別股與長期負債之結構想維持在 4：1：5 之比率。公司所得稅率是 40%，銀行貸款利率是 15%；無風險利率是 6%，公司股票 β 值是 1.1，市場報酬率是 14%；特別股股利是 2 元，認購價是 25 元。試估計該公司之加權平均資金成本：　(A)11.22%　(B)10.94%　(C)9.87%　(D)9.37%。　　　　　　　　　　　　　　　　　　　　　　　　【高考】

(　) 15. 在計算資金成本時，下列敘述何者正確？　(A)應該要同時納入股權的資金成本和債權的資金成本　(B)股權和債權的資金成本應該以帳面價值計算權數　(C)股權和債權的資金成本應該以市場價值計算權數　(D)應該要考慮稅法上對股權和債權的處理　(E)以上(A)、(C)、(D)正確。　　　　　　　　　　　　　　　　　　【台大財金所】

(　) 16. 大漢公司決定在下年度發行票面利率等於 14% 的債券，該公司認為，它可以按照某特定價格將債券賣給投資人，而在此一價格下，投資人能夠獲得 16% 的收益率，假定稅率等於 20%，則大漢公司的稅後負債成本為？　(A)12%　(B)12.8%　(C)13%　(D)14%　(E)以上皆非。　　　　　　　　　　　　　　　　　　　　【中原國貿】

(　) 17. 下列何者正確？　(A)外部權益金的成本比內部權益資金為高，因此財務經理人若非必要，應盡量避免發行新股　(B)在廠商之利潤極大化時，邊際成本等於邊際收益　(C)若台塑發行特別股每股面額 100 元，每年支付股利 8 元，而發行成本約為每股面額的 5%，因此發行新特別股的成本為 8.4%　(D)若你推測華碩之股利將每年

穩定成長 5％，且預期下期股利為每股 10 元，最近其成交價為 350 元，則其保留盈餘成本為 7.86％　(E)以上皆是。　【朝陽財金】

二、問答及計算題

1. 捷豹精密公司擬投資新生產設備，設公司之所得稅率為 25％，權益成本為 18％，稅前負債成本為 16％，公司之權益及負債市值各為 50 億元，則加權平均資金成本為何？　【高考】

2. 假設其他狀況不變，請判斷對下列事件發生後「加權平均資本成本」之影響方向（上升或者下降）；並簡單說明其理由。
   (1)利率水準大幅上升；(2)中央銀行增加貨幣供給；(3)流通在外債券價格大上揚；(4)股市行情持續上漲；(5)發行公司發生舞弊，正接受司法調查；(6)發行公司為傳統業，開始轉投資高科技產業；(7)銀行宣布取消發行公司之信用額度；(8)發行公司之產品因瑕疵遭消費者控訴成立。

   【銘傳財金與風管所】

3. 某家公司之負債總額為 500 萬元，股東權益總額為 1,000 萬元，該公司平均負擔利率成本為 8％，股票報酬率的 β 值為 1.5，資本市場無風險利率為 6％，市場平均收益率為 10％，公司營利事業所得稅率為 25％，請計算：
   (1)稅前負債資金成本；(2)股東權益資金成本（採資本資產訂價模式）；(3)稅前公司全體加權平均資金成本；(4)稅後公司全體加權平均資金成本。　【普考】

4. 試舉出估計公司權益資金成本的幾種方法。　【普考】

5. 某公司籌集 210 萬元之資金，其中 84 萬元來自長期負債，利率 10％；84 萬元來自發行特別股，特別股每股承銷價為 100 元，股利 10 元，發行成本 5 元；另外 42 萬元向銀行抵押借款，利率 12％。假設邊際稅率為 40％，則該公司該項計畫之加權平均資金成本為何？　【基層特考】

6. 某公司目前普通股市價為每股 40 元，若發行新普通股，發行成本預計為每股 7 元。明年公司預期每股盈餘 3.22 元，每股盈餘成長率為 10%；公司維持 40% 固定股利發放比率政策，邊際稅率為 30%。試分別計算：(1)公司之內部權益資金成本；(2)公司之外部權益資金成本。

【殘三特】

7. 卡爾汽車公司正在計算其資金成本，以供資本預算決策之用。財務副總霍恩提出下列資訊，請計算其加權平均資金成本。發行在外的公司債票面利率 12%，可轉換公司債票面利率 8.1%，投資銀行通知該公司，稱此兩種公司債風險與信用等級相同，其目前市場收益率均為 14%。普通股股價 $30，每股預計股利為 $1.30。該公司過去每股股利與盈餘成長率為 15.5%，但華爾街分析師指出，該公司未來股利和盈餘成長率會減緩並降到 12%。特別股價每股 $60，每股股利 $6.8。公司所得稅率為 30%，特別股的發行成本為特別股賣價的 3%。該公司的最適資本結構為：

負債　　　　45%

特別股　　　5%

普通股　　　50%

請計算該公司資本結構中的各項資金成本，並算出該公司的加權平均資金成本。

【樹德金融】

8. 假設在 E 公司的目標資本結構中，長期負債占 40%，特別股占 10%，普通股占 50%。該公司稅前的長期負債成本為 6%，特別股資金成本 6%，本年度稅後淨利為$2,000,000，所得稅為$500,000（以單一稅率計算而得）。該公司目前普通股每股市價$100，今年每股股利$4，每股股利一直維持固定成長率 5%。試計算 E 公司的加權平均資金成本。

【高科大金融】

Chapter **07**

長期投資決策
－資本預算

Financial Management :
Theory and Practice

企業為了長期營運發展，必須結合經營策略的動向，將各種來源的資金，投資在必要的基礎上，如此有目的性的資金用途規劃，即是「資本預算」的概念，也是企業之所以存在的經濟意義。

7-1　資本預算的內涵

資本預算決策其實就是固定資產投資決策。資本是指用於生產的固定資產，而預算則是指詳細預測未來某段時間內的現金流入與現金流出。因此，資本預算表就是固定資產的預定支出表，而資本預算就是從分析固定資產投資方案到決定是否要將此一方案列入資本預算表的整個過程，此一過程是公司成敗的根源，因為其固定資產投資決策會決定其在未來數年內的走向，也就是說，這些決策可以決定公司的未來。

大多數的公司，常將投資方案作下列分類：

1. 重置

(1) 維持營運水準的重置：汰換老舊或損壞的設備所必須的支出。

(2) 為減低營運成本的重置：即更換目前尚在使用但卻過時的設備所必須的支出，其目的是要減低人工、原料及動力等等的成本。

2. 擴充現有的產品或市場

即為擴增現有產品的產量或擴增現有的配銷設備與通路的支出。

3. 開發新產品或新市場

即為生產新產品或開發新市場的支出。

4. 安全與環境投資

為遵守政府法令、勞資協議或保險政策等等所必須的支出。

5. 其他投資

例如：興建與維護辦公大樓、停車場的支出等等。

上述分類可依金錢成本大小來劃分其分析方法，即必要的投資金額越大，則其分析也必須越詳盡，而且有權核准的階層也越高。

7-2　資本預算之程序

由上述可知資本預算之於企業的意義，不僅在財務面，對企業未來的發展也有關鍵性的影響，在策略上的價值尤其重要。現將決策程序的步驟說明如下：

1. 先估計投資方案的預期現金流量。

2. 估計預期現金流量的穩定性或風險程度。

3. 依據估計出來的風險及一般的貨幣成本水準來決定適當的貼現率，此貼現率即資金成本，是用來折現投資方案的現金流量。

4. 求出預期現金流量的現值以確定投資方案能給公司帶來多少的現金流入或企業價值。

5. 將預期現金流量的現值與投資方案的成本作比較，若現值超過成本，則投資方案應被接受，反之，則應拒絕。

7-3　資本預算決策準則

有許多的方法可以用來評估投資方案，以便決定是否要接受這些方案，並將之列入資本預算表內，其中最常用的有下列四種：回收期間法、淨現值法、內部報酬率法及獲利能力指數法。為了方便分析，本章所述之例子有三個基本假設：

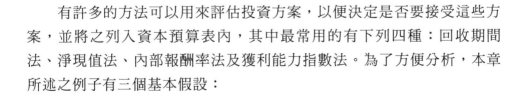

1. 所有的投資決策與公司整體的平均風險相同。

2. 所有的現金流量（不論流入或流出），均為經過評估後得到的預期攸關現金流量。

3. 上述所產生之現金流量時點，均在投入成本後的每年年底。

　　在本節中，我們將討論上述四種方法，也會從「使企業價值極大」的觀點，來評論這四種方法的相對優缺點。

一、回收期間法(payback method)

　　此方法是指公司在投資決策進行之初投入成本後，預期可以回收此成本額所需要的年數。也就是當此投資決策進行到特定時點所累積的淨現金流入量等於期初投入成本所經歷的時間，求算回收期間(t)的公式如下：

$$\sum_{t=1}^{T} CF_t - CF_0 = 0$$

　　其判斷準則如下：決策者會設定一個標準回收期間（即成本必須在特定的時間內完全回收），當投資決策的回收期間小於標準時，則為可接受的計畫；反之，則為拒絕的計畫；若剛好等於標準，則計畫的執行與否與企業的價值無關。

　　現就下列例子來說明：

　　下表所列的是 A、B 兩個投資方案的資料，其中 A 表示短期投資方案，B 表示長期投資方案，現金流量CF_t為預期值，且均已針對所得稅、折舊及殘值做必要的調整，由於多數的投資方案都包括固定資產及淨營運資金的投資，因此下表的投資支出CF_0，當然也包含任何必要的營運資金增量。在此我們先假設此兩方案有相同的風險，且各年的現金流量均是發生在各年的年底。

▼ 表 7-1　A 方案與 B 方案的現金流量

年(t)	A 方案	B 方案
0	(1,000)*	(1,000)*
1	500	100
2	400	300
3	300	400
4	100	600

單位：萬元　預期的稅後淨現金流量
*表淨投資支出或是原始成本

　　假設 A 方案的投資計畫，在開始之初需要投入 1000 萬元，但在連續的 4 年內，每年可分別產生 500 萬元、400 萬元、300 萬元及 100 萬元的增量現金流入量，假設公司財務長將回收期間的標準定為 3 年，則 A 方案與 B 方案，何者可行？

(1) A 投資計畫的回收期限為

　　完整回收年數＋不足一年的回收年數 $= 2 + \dfrac{100}{300} = 2\dfrac{1}{3}$ 年

(2) B 投資計畫的回收期限為

　　完整回收年數＋不足一年的回收年數 $= 3 + \dfrac{200}{600} = 3\dfrac{1}{3}$ 年

　　因此若公司對投資計畫的要求是回收年數必須等於或小於三年，則 A 方案會被接受，B 方案會被拒絕。若兩個投資方案是彼此互相排斥，那也是 A 方案會被接受，因為 A 方案有較短的回收期限。

　　在此先解釋何為互斥方案，互斥方案是指交替方案，也就是說，若一方案被採行，那麼其他方案就必須予以拒絕。例如：在倉庫安裝輸送帶的方案與購置堆高機的方案就是互斥方案。另有獨立方案，是指成本與收入均彼此不相關的方案，例如：新產品的方案與購買公務用的運輸設備就是獨立方案。

小試身手 ①

若台積電有個投資計畫，期初支出為 200 萬元，以後每年現金流入為 25 萬元，則其回收期間需要多少年？

（一）回收期間法的優點

1. 容易計算且成本不高

如前所述，回收期間法計算容易，且花費不高，雖然今日有許多較複雜的方法可以做出較佳的決策，但是其成本遠遠大於其利益。因此有不少企業仍會使用回收期間法來評估較小的資本支出決策。

2. 提供一種能夠衡量投資決策「變現能力」的指標

因為增加投資價值的就是投資的變現性或其轉換成現金的速度。而回收期間法正是方案的變現性指標。即收回的期限越短，則其變現性也越佳，因此 A 方案的變現性優於 B 方案。

3. 提供衡量投資決策的「風險指標」

就回收速度而言，回收期間越短，其風險就越低，這代表了回收期限正可用來表明投資方案的相對風險，因此 A 方案的風險比 B 方案為低。

（二）回收期間法的缺點

1. 無絕對的標準可以論斷回收期間應為多少

如前例，為何公司決策人員將回收期間的標準定為 3 年？其標準何在？如何決定才是具有最適變現速度的投資計畫？

2. 忽視回收期限以後的每年現金流量

如前例，A、B 方案在第 5 年或是第 6 年，可能會有 500 萬元或是 600 萬元的現金流入量，但是此一事實並不會影響或是改變其在回

收期限法下的排名或順序，這種只看「近期」不看「遠期」的回收期限對長期投資方案是一種不公平的甄選方式，因為此方式會將投資的決策方案予以扭曲。

3. 忽略貨幣的時間價值

　　現金流量發生的時間是一件很重要的事，但是回收期間法會忽略它的時間價值，也就是說，在回收期間法之下，第 3 年的 1 元與第 1 年的 1 元是具有相同價值的，如此，會使管理者做出不正確的投資決策。但是這個缺點可以透過折現來解決，亦即先將現金流量以資金成本折現後，再以相同的方式計算回收期限，此即「折現回收期間」(discount payback period)。可以想像，由於計畫各期現金流量在折現後變小了，所以要回收投資成本所需耗費的時間勢必延長，且折現率越大，折現回收期間越長。

二、淨現值法(net present value method, NPV)

　　回收期間法的缺點之一，即是未考慮貨幣的時間價值，因此，為了改善此項缺點，而將貨幣的時間價值考慮進去的資本預算決策準則，即為淨現值法，又稱為「現金流量折現法」(cash flow discount method, CFD)，其內涵在於所有的現金流量必須以資金成本折現，使其產生的時間回到決策時點，並在相同的時間基礎上比較各期淨現金流量與投入成本的大小，作為判斷投資計畫的評估依據。而所謂的「淨現值」是指各期淨現金流量之折現值總和減去期初現金支出後的剩餘值，代表的是投資計畫對公司價值的直接貢獻。

　　淨現值法的評估程序如下：

1. 先將各現金流量用適當的貼現率予以折成現值。

2. 將這些現金流量的現值予以加總，加總所得的「和」減去現金流出之現值後的餘額，即為該投資方案的淨現值(NPV)。

3. 若 NPV 為正，則該投資方案可以被接受，若 NPV 為負，則該投資方案應被拒絕，但若 NPV 為零時，則接受此計畫方案與否對於公司的價值並無影響。而如果所考慮的投資方案是為互斥方案，則應選擇 NPV 最大的方案。淨現值 NPV 之計算公式如下：

$$NPV = \frac{CF_0}{(1+K)^0} + \frac{CF_1}{(1+K)^1} + \cdots + \frac{CF_n}{(1+K)^n}$$
$$= \sum_{t=0}^{n} \frac{CF_t}{(1+K)^t}$$

其中 CF_t 表示第 t 期的預期淨現金流量

K 表示適當的貼現率或是投資方案的資金成本，需視方案風險、市場利率或其他因素而定

n 是投資方案的預期年限

另外，另一投資方案的所有成本都是在 t = 0 時發生（一般小型投資計畫的成本皆是如此），則因為 $CF_0 = 成本$，且 $(1+K)^0 = 1$，所以，其 NPV 可以改寫如下之形式：

$$NPV = \sum_{t=1}^{n} \frac{CF_t}{(1+K)^t} - 成本$$

現金流出量也就是投資方案的支出，例如：購買機器或是廠房設備所花的成本，常被當成負的現金流量來處理。雖然之前本章所舉 A、B 兩方案，CF_0 都只有負的，但其實對於許多大型方案而言，在開始營運前可能都需要花數年的時間來建造，因此，在這數年間便發生數筆現金流出，也就是說負的現金流量可能會連續出現好幾年，而不會只出現一年而已。現以 A、B 方案來解釋 NPV，假設資金成本為 10%，則 A 方案的 NPV 為 78.82，其計算如下：

$$NPV_A = \frac{-1000}{(1+10\%)^0} + \frac{500}{(1+10\%)^1} + \frac{400}{(1+10\%)^2}$$
$$+ \frac{300}{(1+10\%)^3} + \frac{100}{(1+10\%)^4}$$
$$= 78.82$$

同理，則 $NPV_B = 49.18$。

　　若兩方案均為獨立方案，則 A、B 方案皆可接受，若兩方案為互斥方案，則應選擇 A 方案。因此 NPV 的邏輯顯而易見，採行 NPV 為正的方案，其價值會因此而增加，從而其投資人的財富也會因此而跟著增加，以 A 方案為例，若公司採行 A 方案，則公司的價值會增加 78.82 萬元，股東的財富也會因此增加 78.82 萬元。若採 B 方案，則公司的價值只增加 49.18 萬元，股東的財富也只增加 49.18 萬元，所以，不難理解 A 方案為何會優於 B 方案。

小試身手②

　　台積電有個 3 年期的投資計畫，期初成本為 800 萬，每年現金流入 500 萬元，若市場利率為 8%，則該計畫之淨現值為多少？是否可行？

（一）淨現值法的優點

1. 考慮了貨幣的時間價值。

2. 考慮了所有各年的現金流量，不會發生回收期間法只考慮短期性的現金流量。

3. 淨現值法可以適用價值相加法則，也就是說公司總價值的增額等於個別獨立投資計畫的貢獻總和，例如上述例子，公司有 A、B 兩個投資

方案，此兩個投資方案對公司價值的貢獻會等於兩案 NPV 的總合，即 $78.82 + 49.15 = 127.97$ （萬元），也就是 NPV 本身具有可相加性的特性，易於衡量投資計畫的綜合效果。

4. 如前所述，在互斥型的投資方案中，提供最正確的判斷準則。

（二）淨現值的缺點

NPV 最大的缺點就是無法反映每一元投資能夠為公司創造的利益。

三、內部報酬率法(internal rate of return, IRR)

在第五章時討論債券的評價方法，而債券投資的報酬率(YTM)若超過其必要報酬率，則此一債券投資是不錯的投資。而內部報酬率便是利用此觀念來做資本預算的評估，也就是能使投資方案現金流量的現值和等於其原始成本的貼現率，亦即能使 NPV 正好為零的折現率，其計算公式如下：

$$\frac{CF_1}{(1+IRR)^1} + \frac{CF_2}{(1+IRR)^2} + \cdots + \frac{CF_n}{(1+IRR)^n} - CF_0 = 0$$
$$\Rightarrow \sum_{t=0}^{n} \frac{CF_t}{(1+IRR)^t} = 0$$

IRR 說明將資金用於該投資計畫時，平均每期預期可得到的報酬率，若投資方案的 IRR 大於公司的資金成本，表示此計畫除了滿足股東的必要報酬率，也提供必要報酬率以外的剩餘報酬，所以是個可接受的計畫。反之，當 IRR 小於公司的資金成本時，則應拒絕此投資方案。若 IRR 與公司的資金成本相等，則表示此投資方案接受與否並不影響公司的價值。

現以 A 方案為例，其 IRR 的方程式為：

$$\frac{-1000}{(1+IRR)^0} + \frac{500}{(1+IRR)^1} + \frac{400}{(1+IRR)^2} + \frac{300}{(1+IRR)^3} + \frac{100}{(1+IRR)^4} = 0$$

當我們要找的 IRR 值正好可以使方程式的值為零時，則可找出正確的內部報酬率。找出 IRR 的方法有很多，大致有下列幾種方法：

1. 試誤法

例如：先以任意的折現率折算欲評估計算的 NPV，若所得到 NPV 為負值，表示使用的折現率太大，可換較小的折現率，反覆計算直到找到使 NPV 為零的折現率（即 IRR）為止。

2. 電腦法

大多數的大型企業均已將資本預算予以電腦化，各種投資方案的 IRR、NPV 以及回收期限均可利用電腦自動計算出來。

3. 現金流量為固定額時的 IRR

若投資方案的現金流量每年都是固定的數額，則此時的 IRR 可以用年金公式來求解，例如：某一投資方案的成本為 10,000 元，其在未來 10 年內每年預期可產生 1,627.45 元的現金流入，則此時 10,000 元的成本就是 10 年期每年 1,627.45 元的年金現值，則此一年金的貼現率，也就是投資方案的內部報酬率為：

$$\frac{成本}{年金} = \frac{10,000}{1,627.45} = 6.1446 = PVIFA_{k,10}$$

利用本書後之附錄查表可得：

$$PVIFA_{k,10} = 6.1446 的 k 值為 10\%$$

則此一 10%即為該投資方案之 IRR，要特別注意的是，此方法僅適用於成本只支出一次，且每年的現金流量均為固定數額的投資方案。若投資方案的現金流量每年並非固定不變或是成本並非只支出一次，就必須用上述其他方法來解之。

> **小試身手 ③**
>
> 　　台積電有個 3 年期投資計畫，期初成本為 1,000 萬元，每年現金流入為 600 萬元，則其 IRR 為多少？若資金成本為 8%，則計畫是否可行？

（一）內部報酬率的優點

1. 考慮了貨幣的時間價值

　　IRR 是由 NPV 推導而來，所以 IRR 將貨幣的時間價值與所有的現金流量列入考量。

2. 方便比較

　　與 NPV 相比，IRR 容易與資金成本進行比較，也容易表達傳遞成本效益相關資訊。但由於 IRR 是以報酬率之形式表達，所以不像 NPV 可以符合價值相加法則。

（二）內部報酬率的缺點

1. 可能產生錯誤決策

　　IRR 在評估互斥方案時，可能會產生錯誤的決策，而造成評估錯誤的原因，可歸納為下列兩種：

(1) 投資方案大小的不同

　　　一投資方案的成本顯著大於另外一個投資方案。

(2) 現金流量的時間不同

　　　例如：某一投資方案的大部分現金流量是來自於前面幾年，另一投資方案的大部分現金流量是來自最後面幾年，前者例如本章所舉例之 A 方案（短期方案），後者例如像是 B 方案（長期方案），當貼現率很小時，長期方案會有較大的 NPV，當貼現率很大時，短期方案會有較大的 NPV，此乃因為貼現率很大時，時間

較遠的現金流量所折成的現值比時間較近的現金流量所折成的現值小更多。

所以當投資方案的成本大小不同或其大筆現金流量產生的時間不同時，則公司在未來各年可用以投資的資金數額將會不同，而若其投資方案為互斥的，則可能產生錯誤的決策。

2. 再投資報酬率的假設不合理

此方法認為公司必須將投資計畫所得的現金流量，以 IRR 每期重覆投資，才能實現相當於 IRR 的報酬水準，但這一點不太可能。

3. 存在多重 IRR 的問題

IRR 並非唯一解，若在投資計畫執行後仍有現金流出量，稱之為「非正常現金流量」(abnormal cash flow)，此情形下，IRR 不具有唯一性，會影響評估結果。

（三）修正內部報酬率法(modified internal rate of return, MIRR)

由於 IRR 有上述缺點，因此將「再投資報酬率」修正為「資金成本」，將投資計畫各期所有的現金流出量以資金成本折現計算現值，也將所有現金流入量以資金成本複利計算終值到計畫的最後一期，而使現金流入量終值等於現金流出量現值的折現率，此即為 MIRR。

若有一投資計畫，期初成本為 15,000 元，未來 4 年預估可分別產生之現金流量為 5,000 元、6,000 元、8,000 元、10,000 元，且公司的資金成本為 5%，則此計畫之 MIRR 為：

$$15,000 = \frac{5,000 \times (1+5\%)^3 + 6,000 \times (1+5\%)^2 + 8,000 \times (1+5\%) + 10,000}{(1+MIRR)^4}$$

$$\therefore MIRR = 19.71\%$$

（四）NPV 與 IRR

對於資本預算決策的評估，NPV 與 IRR 可能會產生衝突，而之所以會產生衝突，乃是因為此兩種方法對於再投資報酬率所做的假設並不相同。因為 NPV 是假設公司能以其資金成本（利率）把現金流量予以再投資，也就是說，其現金流量的再投資報酬等於其資金成本。而 IRR 則假設公司能以其 IRR 報酬率把現金流量予以再投資，也就是說，其現金流量的再投資報酬是等於其 IRR 報酬率。就多數公司而言，現金流量較有可能以接近其資金成本的報酬率予以再投資，較不可能選擇接近 IRR 的報酬率。所以，NPV 的假設較為合理，當 NPV 與 IRR 所選的互斥方案不一樣時，應以 NPV 法為準，亦即選 NPV 值較大的那個方案。

四、獲利能力指數法(profitability index, PI)

此法又稱為成本效益比率，其計算方式是將投資計畫在未來所產生的現金流量折現總值，除以期初投入成本所得到的比率，也就是衡量投入每一元，可回收之現值有多少。

$$PI = \frac{\sum_{t=1}^{n} \frac{CF_t}{(1+K)^t}}{CF_0}$$

PI 的涵義與 NPV 類似，因若現金流量折現總值大於期初投入成本，則會得到正的 NPV，同時 PI 的值也會大於 1，則可接受該投資方案。反之，當現金流量折現總值小於期初投入成本，NPV 會小於零，而 PI 的值也會小於 1，此時應拒絕該投資方案，若 PI 的值等於 1，則表示接受與否與公司的價值無關。

小試身手 ④

以台積電 NPV 的例子，則其 PI 為多少？

（一）獲利能力指數法的優點

1. 考慮了貨幣的時間價值

　　與 NPV 及 IRR 相同，都考慮了貨幣的時間價值與所有的現金流量。

2. 充分反映成本效益

　　PI 有客觀的決策標準，亦即 PI＞1 才能接受投資決策方案，且 PI 也充分發揮其反映成本效益的優點，作為篩選替代方案的良好工具。我們可按照 PI 值，由大而小，決定在資金受限時，應採行的投資計畫數量，即能使每一元資金都能為公司創造最大的價值。

（二）獲利能力指數法的缺點

　　PI 法最大的缺點就是無法極大化公司價值，不能反映投資方案的直接貢獻。

五、資本預算決策的其他問題

　　到目前為止，本章所討論的是公司在做固定資產投資決策時所使用的基本決策程序。但是實際上，資本預算所牽涉的問題非常多，現舉例如下：

1. NPV 與 IRR 可能相互衝突

　　如前所述，當方案為互斥時，用 NPV 與 IRR 來抉擇方案可能會有衝突產生，因此應以 NPV 作為抉擇的標準。

2. IRR 可能不止一個

　　在某些情況，投資方案可能會有一個以上的內部報酬率，如此便很難確定哪一個才是較為合理的 IRR，這也是 IRR 的缺點之一。

3. 資本預算額的大小會影響資金成本

在本章的討論中，我們都假設公司的資金成本為已知，但其實我們知道，在上一章討論到了資金成本的決定，其實，資本預算金額的大小會影響資金成本，從而影響一個投資方案的可接受性。

4. 資金可能有配額上的限制

公司有時會對固定資產的投資金額設下限制，此種設限稱為資本配額。當一個公司可接受的投資方案數目大於其所願意融資的方案數目時，就需要以資金分配做為最後的評估。

5. 風險的評估

任何的投資方案皆有風險，也會面臨不同風險的評估。

6. 資金成本的重要性

資金成本是 NPV 所使用的貼現率，也是 IRR 所使用的抉擇利率，沒有資金成本，整個資本預算將無以進行，所以資金成本是資本預算的關鍵要素。

7. 通貨膨脹之處理

任何的資本預算決策評估方法，都會考慮現金流量，而每年現金流量的估計，都應設想到通貨膨脹，才能做較為正確的評估。

習題 | Exercise

一、選擇題

( ) 1. 還本期間法可以看出投資計畫的何種特性？ (A)回收速度 (B)報酬率 (C)獲利性 (D)成長力。 【證券商業務員測驗】

( ) 2. 南投公司正在考慮 A、B 二互斥且風險相同的投資案，若南投公司的資金成本為 12％，$IRR_A = 14％$，$IRR_B = 16％$，且在折現率為 10％時，A、B 的淨現值將會相等，試問南投公司應選擇哪一投資案？ (A)A (B)B (C)二者均接受 (D)二者均不接受。 【台電、中油】

( ) 3. 若屏東公司今年資本預算的上限為 3 萬元，有下列五個互相獨立的投案可供選擇：

計畫	甲	乙	丙	丁	戊
投資額	$25,000	$10,000	$15,000	$10,000	$5,000
回收年限	6 年	3 年	5 年	8 年	4 年
淨現值	$14,000	$12,000	$20,000	$5,000	$10,000

公司資金成本為 10％。試問下列哪一投資計畫組合對公司最有利？ (A)甲、丙、戊 (B)乙、丙、戊 (C)乙、丙、丁 (D)乙、丁、戊。 【台電、中油】

( ) 4. 假設投資計畫的未來現金流量完全已知，有關淨現值(NPV)法與內部報酬率(IRR)法之敘述，何者正確？ (A)NPV＝0 時，接受計畫與否，對公司價值無影響 (B)任一現金流量，其 IRR 只有一個數據 (C)所有 NPV 大於零的計畫可考慮投資 (D)所有 IRR 大於零的計畫都值得投資。 【台電、中油】

( ) 5. 有關資本預算的方法，下列敘述何者正確？ (A)企業若將原先預備使用之直線折舊法改為加速折舊法，可以增加一投資案之淨現值 (B)內部報酬率法在比較互斥投資方案時，可能導致錯誤的決策

(C)折現還本期間法(discount payback)傾向於拒絕短期投資方案 (D)獲利指數法類似淨現值法，故在選擇互斥方案時，一定會得到 和淨現值法相同之決策。 【台電、中油】

( ) 6. 若一個投資方案的成本是 100 萬元，預估未來稅後純益為 180 萬 元，而未來現金流量之現值為 140 萬元，則其獲利能力指數(PI)為： (A)1.8　(B)1.4　(C)0.78　(D)1.29。 【高考】

( ) 7. 下列關於內部報酬率法(IRR)的描述何者為真？　(A)IRR 具價值相 加性　(B)再投資報酬率的假設為資金成本　(C)對於某些投資案可 能找不到 IRR　(D)每一投資案均只能找到一個 IRR。 【高考】

( ) 8. 下列關於淨現值法(NPV)的描述何者為真？　(A)不具價值相加性 (B)其再投資報酬率的假設與內部報酬率法相同　(C)當 NPV＞0 時， 內部報酬率一定等於必要報酬率　(D)投資方案之 NPV 越大，公司 價值增加越多。 【高考】

( ) 9. 投資案甲，期初投資成本為 200 元，未來 4 年每年產生現金流量 100 元，試問該投資案的內部報酬率(IRR)約為：　(A)10%～15% (B)20%～25%　(C)30%～35%　(D)35%～40%。 【高考】

( ) 10. 下列敘述何者是正確的？　(A)回收期間法評估投資案需要預測未 來現金流量　(B)內部報酬率法具價值相加性　(C)內部報酬率越 高，淨現值越小　(D)資金成本大小與內部報酬率法評估投資案無 關。 【高考】

( ) 11. 使用內部報酬率法(IRR)評估投資案，會有哪兩個重要的缺點？ (A)無法正確地分析兩個互斥的投資案及多個 IRR 的問題　(B)任意 決定折現率及無法考慮初期支出　(C)任意決定折現率及無法正確 地分析獨立的投資案　(D)未考慮時間價值及無法正確地分析獨立 的投資案。 【高考】

( ) 12. 當廠商以內部報酬率法評估投資計畫時，計算所得之內部報酬率必 須高於下列何者方值得投資？　(A)實際報酬率　(B)資金成本率 (C)必要報酬率　(D)淨現值。 【高考】

( ) 13. 若有數個互斥的計畫案待評估，則選擇時應基於何種準則？ (A)IRR 最高者 (B)IRR 最低者 (C)PI 最高者 (D)NPV 最高者。

【高考】

( ) 14. 當一個計畫案的淨現值預估為負數時，則： (A)折現率應降低 (B)折現率應提高 (C)計畫案應被採納 (D)計畫案應被拒絕。 【高考】

( ) 15. 某一計畫成本為 16,000 元，未來 4 年中每年年底可獲現金流量 4,500 元，而資金的機會成本為 10%，試問其獲利能力指數為多少？ （選最接近者） (A)0.8915 (B)1.1217 (C)1.1250 (D)1.8915。

【高考】

( ) 16. 南雅公司正在評估一投資案，其投資金額與相關現金流量如下表：

期初投資	$(100,000)
第 1 年現金流量	40,000
第 2 年現金流量	30,000
第 3 年現金流量	50,000
第 4 年現金流量	50,000

試計算此投資案之回收期間是多少年？ (A)3.0 (B)2.6 (C)4.0 (D)2.0。 【高考】

( ) 17. 大同公司有一塊閒置空地，目前是作為臨時收費停車場，公司正評估多種可能投資計畫，如蓋國宅、商業大樓、停車塔等。進行相關的資本預算時，此目前之停車收入，應是一種：(1)機會成本；(2)收關成本；(3)沉沒成本。 (A)(1)(2) (B)(1)(3) (C)(2)(3) (D)(3)。 【高考】

( ) 18. 下列哪種指標是最正確的資本預算決策準則？ (A)內部報酬率 (B)回收期間 (C)獲利率指標 (D)現淨值。 【高考】

( ) 19. 用淨現值法及內部報酬率法作資本預算決策，其結果： (A)永遠一樣 (B)有些情況下會一樣 (C)絕對不一樣 (D)內部報酬率法一定比淨現值法的結果正確。 【高考】

( ) 20. 相對於其他建立於現金流量的投資案評估方法，回收期間法之主要缺點為何？ (A)簡單 (B)未考慮回收期後之現金流量 (C)須預測現金流量 (D)未能考慮投資案之變現力。 【高考】

( ) 21. 某投資案執行之後，投資執行期間內現金流量為正，當折現率下降時： (A)內部報酬率不變但淨現值下降 (B)內部報酬率下降且淨現值下降 (C)內部報酬率增加且淨現值增加 (D)內部報酬率不變但淨現值增加。 【高考】

( ) 22. 甲公司取得一新機器，購買價格為 8,000 元，安裝費用為 2,000 元，舊機器的市價為 2,000 元，舊機器帳面價值為 1,000 元，若新機器安裝存貨將下降 1,000 元，應付帳款將增加 500 元，稅率為 34%，資金成本為 15%，試問取得此一新機器必要的現金流出為何？ (A)–7,980 元 (B)–6,840 元 (C)–6,320 元 (D)–13,420 元。 【高考】

( ) 23. 有一風險高於平均水準的計畫案，其預期報酬為 16%。若此公司的資金機會成本為 12%，而計畫案的資金機會成本為 18%，則下列敘述何者為真？ (A)計畫案的 NPV 是正的，應採納 (B)計畫案的 NPV 是負的，應拒絕 (C)計畫案的 NPV 是正的，但應拒絕 (D)計畫案的 NPV 是負的，但應採納。 【高考】

( ) 24. 一個 3 年的投資計畫之期初支出為 1,000 萬元，3 年後機器設備的殘餘價值為 100 萬元，而每年稅後的現金流入為 600 萬元，如果折現率為 10%，該計畫之淨現值為： (A)494 萬元 (B)567 萬元 (C)938 萬元 (D)–150 萬元。 【高考】

( ) 25. 下列哪一種資本預算方法隱含著不合理之每期淨現金流量的再投資報酬率？ (A)內部報酬率法 (B)修正後內部報酬率法 (C)淨現值法。 【高考】

( ) 26. 淨現值法中之折現率是： (A)機會成本 (B)資金成本 (C)股東所需求的最低報酬率 (D)反映現金流量之時間與風險 (E)以上皆是。 【中山財管】

( ) 27. 一投資方案需要 $5,000 之原始投資，且能帶來連續兩年之稅後現金流量 $2,500。如果該公司之稅後資金成本為 10%，則該方案之修正後內部報酬率(modified IRR)約為多少？ (A)0% (B)2.5% (C)5.0% (D)7.5% (E)10.0%。 【台大財金】

( ) 28. 當公司在兩個投資期間相同的計畫中只能選擇一個時，如果公司面對投資額度的限制，公司應該如果選擇？ (A)高淨現值的投資計畫 (B)高內部報酬率的投資計畫 (C)高獲利能力指數的投資計畫 (D)高資產報酬率的投資計畫 (E)回收快的投資計畫。 【台大財金】

( ) 29. 以下有關資本投資的內部報酬率的敘述，何者為真？ (A)隨資金成本率變動而改變 (B)隨現金流入之改變而有不同的解 (C)於 IRR 超過資金成本率時，才可逕行投資 (D)上述答案皆為真 (E)(B)與(C)皆為真。 【中山財管】

( ) 30. 作資本預算時，若該計畫的風險高於現在進行計畫的風險時，決策者應： (A)提高計畫的 IRR 後再作評估 (B)提高計畫的 NPV 後再作評估 (C)提高計畫的資金成本率後再作評估 (D)依標準評估程序進行，不予調整 (E)根本不再考慮此計畫。 【中山財管】

( ) 31. 在稅後資金成本大於零下，以下何者可以增加一新投資案之淨現值？ (A)將原先預備使用之直線折舊法改為加速折舊法 (B)在投資期初期增加原先預估所須投資之淨營運資產 (C)提高原先所預估之稅後資金成本 (D)降低產在方案結束時，所能出售之價格之預測 (E)以上皆非。 【台大財金】

( ) 32. 在所有其他條件皆相等之情形下，公司採加速折舊法比直線折舊法使資本投資更易於被接受： (A)上述情形在用 NPV 法時為真 (B)上述情形在用 IRR 法時為真 (C)A 與 B 皆為真 (D)以上皆非。 【中山財管】

二、問答及計算題

1. 現有兩個投資方案需要分析，此兩方案的成本均為 10,000，資金成本均為 12%，預期現金流量如下：

年別	X 方案	Y 方案
0	(10,000)	(10,000)
1	6,500	3,500
2	3,000	3,500
3	3,000	3,500
4	1,000	3,500

   (1) 算出每一方案的回收期限，淨現值及內部報酬率。

   (2) 若此兩方案為獨立方案，則應接受哪一方案或兩方案都應被接受？

   (3) 若此兩方案為互斥方案，則應接受哪一方案？

2. 請回答下列問題：

   (1) 淨現值法(NPV)與內部報酬率法(IRR)之再投資率假設是什麼？哪一種之假設較合理？

   (2) 某一 5 年期之投資計畫之 IRR 是 25%，而未來 5 年之現金流量也如原先預估一樣，該計畫之實現(realized)之投資報酬率是否也真如 IRR 所估之 25%，若不是，解決之道是什麼？ 【高考】

3. 如果投資計畫（期初投入成本為 1,000 元、折現率定為 3%）各年的現金流量如下：

年	1	2	3	4
現金流量	$200	$100	$500	$300

   請計算淨現值 (NPV)、內部報酬率 (IRR)、投資回收期間 (payback period)。 【高科大風管所】

4. 說明資本預算之意義為何？資本預算與企業的策略規劃有何關聯？企業進行資本預算的步驟為何？以淨現值法及內部報酬率法來評估資本預算案，各有什麼優缺點？ 【升等】

5. 虹橋精密公司擬更新生產設備，有甲、乙兩案，設備成本同為 1.2 億元，折舊年限為 4 年，但各年淨現金流量不同：

	第 1 年	第 2 年	第 3 年	第 4 年
甲案淨現金流量（萬元）	$4,200	$4,200	$4,200	$4,200
乙案淨現金流量（萬元）	7,800	3,600	3,600	1,200

(1) 以回收期間法評估，何案較好？

(2) 甲、乙兩案為互斥型方案，設公司資金成本為 11％，以淨現值法評估，應採行何案？

(3) 虹橋精密公司視甲、乙兩案為獨立事件，可能兩案同時進行；設公司資金成本為 14％，以淨現值法評估，虹橋精密公司應如何進行？

【基層特考】

6. 試分別說明下列資本投資的四種評估方法，並評述其優點及缺點：

(1) 回收期間法。

(2) 淨現值法。

(3) 內部報酬率法。

(4) 獲利能力指數法。 【高考】

7. 建弘公司面臨以下兩項投資計畫之選擇，假設貼現率是 10％：

年度	A 計畫（萬元）	B 計畫（萬元）
0	$(500)	$(2,000)
1	(300)	(300)
2	700	1,800
3	600	1,700

試問：

(1) A 計畫和 B 計畫的淨現值各是多少？

(2) 建弘公司應選取哪一個計畫？為什麼？ 【基層特考】

8. A、B 為兩個互斥的投資計畫，其相關的現金流量估計值如下表所示。此公司的資金成本為 10%。試問：

   (1) A、B 計畫各自之還本期間？

   (2) A、B 計畫各自之淨現值？

   (3) 若該公司之目標是追求公司價值之增加，則應選哪一投資案？

年	A計畫	B計畫
0	$(15,000,000)	$(18,000,000)
1	4,000,000	10,000,000
2	6,000,000	8,000,000
3	10,000,000	6,000,000

【原乙特】

9. 台科公司為一紡織公司。其負債／權益比為 40/60，債務稅後成本為 6%，股票 β 值為 1.5。假設無風險利率為 5%，市場期望報酬率為 15%。請問：

   (1) 台科公司欲將一批織布機汰舊換新，請問評估該方案時折現率應為何？

   (2) 台科公司欲投資興建一電子廠。請問如何決定評估該方案之折現率？

   (3) 請問台科公司若投資低報酬之無風險政府債券，對公司價值會有什麼影響？ 【台科大財金所】

10. 治元公司計畫投資新生產設備，設備成本為 5,000 萬元，折舊年限為 5 年，採直線法提列折舊，殘值 0 元，計畫所需營運資金為 6,000 萬元，各年財務預估值都相同，相關數值（單位：百萬元）如下：

銷售	變動成本	固定成本	折舊費用
$320	240	40	10

   計畫之資金成本為 15%，營利事業所得稅率為 40%，則：

   (1) 各年現金流量？

   (2) 本計畫淨現值？ 【基層特考】

11. 彥華公司正在考慮機器的汰舊換新方案。舊機器已經完全折舊，可出售得款 1,000 元。新機器需以 5,000 元購得，可使用五年，五年後無殘餘價值；新機器每年可以節省 1,200 元的費用。彥華公司使用直線折舊法，資金的機會成本等於 10%，稅率為 25%。

    (1) 請計算第 0 年至第 5 年的現金流量。

    (2) 請計算本方案的淨現值並建議是否應採行本方案。　　【基層特考】

12. 某一投資計畫如下，試求 IRR 與 MIRR，假設再投資報酬率為 5%。

年度	現金流量
0	−15,000
1	5,000
2	6,000
3	8,000
4	10,000

【文化國貿】

13. 某甲投資 1,000 萬元買一新屋，他估計每年有房租收入 60 萬元（以年底一次收租為準），五年後舊房子可賣 800 萬元，若市場利率為 10%，請探討此投資計畫是否可行。

年度	淨現金流量
0	−1,000
1	60
2	60
3	60
4	60
5	860

【中央財管】

14. 若無風險報酬為 4%，市場報酬率為 10%，大田公司正在評估兩投資方案，A 與 B，已知 β_A 為 2，β_B 為 1.5，而公司之平均加權資金成本為 15%，若 A 與 B 在市場上之報酬率分別為 17% 及 14%，則若大田公司僅依 WACC 進行評估，將接受或拒絕這兩個計畫，又是否產生誤判呢？ 【朝陽財金】

15. 請評論下列說法是否正確？

(1) 公司作資本規劃，在計算現金流量時，應將利息費用作為流量的減項。

(2) 設公司有盈餘且須繳稅，則在汰舊換新的方案中處分舊資產所產生的帳面虧損，會使此方案之 NPV 降低。

(3) 設公司之稅後淨利為正數，當折舊金額減少時稅後淨利為增加，但現金流量會減少。

(4) 資本預算分析時，對於同一個投資案，其使用加速折舊法，比使用直線折舊法，計畫被接受可能性較高。 【台大財金】

16. 某公司買機器一具，可用 3 年，採直線折舊（設無殘值），3 年中每年此機器可增加折舊前稅前純益 $10，在第 3 年底此機器仍可售得今日售價之 1/4，假設稅為 3/5（即 60%），折現率為 10%。試求算：在什麼價格下，此一公司才覺得買該機器合算？ 【台大財金】

Chapter **08**

資本結構理論

Financial Management :
Theory and Practice

企業為了能夠持續成長，會不斷進行各種投資活動，而運用的資金來源不外乎是內部產生的保留盈餘或是來自資本市場的新資金，但就如前面幾章所述，這些新資金的成本不盡相同，會對企業價值產生不一樣的影響，因此本章將針對資本結構與企業價值的關係來討論。

8-1 資本結構無關論(capital structure irrelevance theory)

　　財務管理的目的，就是設法使公司價值達到最大，也就是使普通股的目前市價達到最大，而如何使公司價值達到最大化呢？基本的作法是做好資本預算決策，如前一章所述。再者，就是維持適當的資本結構，所謂資本結構，是指公司資產的融資來源，可分為外來資金（例如：舉債）與自有資金（例如：發行股票），兩者資金來源的比例在財務管理學上稱為資本結構。資本結構之變化，會影響企業的經營成本與長期價值。

　　在 1958 年，美國的經濟學家弗蘭科・莫迪格利安尼(Franco Modigliani)與默頓・米勒(Merton Miller)共同發表「資本結構無關論」的論文，認為在某些情況下，資本結構不會影響公司的價值與資本成本。該篇論文後來得到諾貝爾經濟學獎，所以此理論被學者以其名字命名，又稱「MM 理論」。任何一項理論的產生，都有其基本假設，MM 理論也不例外，其假設如下：

1. 完全競爭市場

　　在此假設下，投資人不論是在資本市場買賣股票或是舉債，皆不需要支付任何交易成本，也可以不用付任何成本取得所需要的資訊，而且每個人都是價格的接受者，沒有人能夠影響證券的價格。

2. 債券利率為無風險利率

個人及公司可以毫無限制地發行無風險債券來籌資。

3. 風險等級相同

公司的營運風險可以經由稅前息前利潤(EBIT)的標準差來衡量，因此若不同的公司，卻有相同的稅前息前利潤的標準差，則表示兩者擁有相同的營運風險。

4. 同性質的預期

投資人對於每家公司在未來所能產生的稅前息前利潤及風險均有相同的預期。

5. 零成長股票

假設公司只能利用舉債與普通股籌措資金，每年產生的 EBIT 也均相同，且全部的 EBIT 均作股利發給股東，所以股票為一個零成長股票，具有永續年金的性質。

6. 沒有稅負及破產成本存在

由於債券利息費用可以抵稅，故假設下列兩種情形進行分析。

一、情形一：資金結構 V.S.公司價值

此情形之主要內容為：公司的價值是被營運能力所決定，也就是被稅前息前利潤所決定，跟資本結構無關。也就是說，只要公司的資產能增加，公司的價值就會增加，不論負債與股東權益的比例如何分配，皆不會影響公司的價值。

而公司的資產要如何增加？必須透過有效率的投資活動來達成。在沒有稅負、破產成本的假設下，使用稅前息前利潤(EBIT)做為衡量利潤的指標，因為公司的價值取決於利潤的多寡，EBIT 除了是很好的利潤

指標外，也能反映公司市場開拓潛力與成本的管理績效。所以 MM 理論認為公司的營運能力是決定其價值最主要的因素，資本結構並不會影響公司的價值。若有兩家公司，其營運風險及稅前息前利潤假設都相同，只有資本結構有差異。例如：一家公司負債較高，另一家公司負債較低，則兩家公司的價值差異，也因為套利而逐漸消失，最後兩家公司的價值會相等。

二、情形二：資本結構 V.S.資金成本

此情形主要認為公司若有舉債，則其普通股的必要報酬率是資本結構 $\left(\dfrac{負債}{股東權益}\right)$ 的正相關函數，其公式如下：

$$R_S = R_a + (R_a - R_d) \times \frac{D}{E}$$

其中 $\dfrac{D}{E}$ 為 $\dfrac{負債}{股東權益}$

R_S 為普通股的必要報酬率

R_a 為無舉債公司的資產必要報酬率

R_d 為公司的負債成本率

若無相關資料，也可以用 WACC 取代 $(R_a - R_d) \times \dfrac{D}{E}$ 為公司舉債後承擔了額外的財務風險，補償給股東的風險溢酬。

此情形說明了公司舉債後，普通股的必要報酬率將隨著負債的增加而上升。情形二是由情形一衍變而來，所以，若資本結構對公司價值及資金成本沒有影響，也就沒有所謂的「最適資本結構」(optimal capital structure)，而最適資本結構是指可使公司股票價格最大的負債比率。

由於 MM 理論並未考慮稅負或是破產成本等等因素，後來學者便加入這些因素，進而發展出公司價值與資本結構有關的理論。

小試身手 ①

若台積電未舉債前的資產報酬率為 10%，今負債成本為 6%，其負債／權益比為 0.3，則根據情形二，台積電普通股的必要報酬率為多少？

8-2 資本結構有關論(capital structure relevance theory)

將資本結構無關論的相關假設去除，考慮許多現實因素，例如：稅負、財務危機、破產成本等，可以推導出公司價值與資本結構之相關性及最適資本結構。

一、考慮公司所得稅的資本結構有關論

該理論認為在考慮了公司所得稅之後，利息支出可以產生抵稅效果（又稱為稅盾，tax shield），使公司的價值隨著負債的增加而增加。此時可以再分為下列兩種情形：

（一）情形一

公司若有舉債，則其價值等於公司未舉債前的價值再加上負債的節稅利益，而負債的節稅利益為公司的所得稅稅率乘上負債總額。此時資本結構便會影響公司的價值，最主要是因為利息費用為公司節省了部分的所得稅支出，所以新的 MM 理論認為節省的所得稅支出會反映在公司的價值上。使用原來 MM 理論中零成長的假設，每年等值的 EBIT 皆可享有相同稅盾的好處，則此稅盾的好處可以用永續年金現值來衡量其價值。而折現率，可以用負債之資金成本當作其折現率，因為稅盾來自於

負債，所以可視其風險約等於負債，則其永續稅盾現值(present value of tax shield, PVTS)之公式如下：

$$PVTS = \frac{\text{利息的稅盾效益}}{\text{負債的資金成本}}$$

$$= \frac{t\% \times D \times r_d}{r_d}$$

$$= t\% \times D$$

其中 $D \times r_d$ 為利息費用

D 為負債，r_d 是利率，即負債之資金成本

t% 為稅率

所以將永續稅盾的現值與公司未舉債時的價值相加，即為舉債後包含節稅利益的公司價值，因此永續稅盾現值可以視為公司舉債後增加的價值。

舉債公司的價值＝無舉債公司的價值＋永續稅盾現值

小試身手 ②

台積電股東權益有 10 億元，負債有 20 億元，公司稅率為 20%，負債利率為 15%，則台積電永續稅盾現值為多少？

（二）情形二

公司若有舉債，則其普通股的必要報酬率等於未舉債時，公司普通股的必要報酬率加上因為舉債所產生的風險溢酬。而此風險溢酬是由所得稅稅率及負債額度共同決定。其公式如下：

$$R_S = R_a + (R_a - R_d) \times (1 - t\%) \times \frac{D}{E}$$

代號與之前的定義相同，與原來之 MM 理論相比：

$$R_S = R_a + (R_a - R_d) \times \frac{D}{E}$$

都是在說明財務槓桿與舉債公司的普通股必要報酬率之間的正向關係，但由於新的 MM 理論多考慮了稅率的因素，使得 R_S 較原來的小。反向來看，原來的 MM 理論認為 WACC 並不隨負債比率的增加而變動，所以 WACC 是一條水平線（如下圖），而新的 MM 理論，其 WACC 會隨著負債使用量的增加而呈現下降的情形。

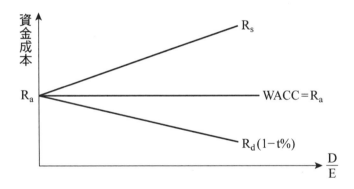

在考慮公司所得稅時，公司的 WACC 會隨負債的增加而下降。

小試身手 ③

若台積電未舉債前的資產報酬率為 10%，負債成本 6%，負債／權益比為 0.3，公司稅率為 20%，則根據資本結構有關論的情形二，公司普通股必要報酬率為？

二、考慮破產成本與代理成本的資本結構有關論

新的 MM 理論若只考慮所得稅，負債的增加反而會使 WACC 呈現下降的趨勢，也就是說如果舉債越多，越能降低資本成本，提高公司的價值，以此推論，則如果公司的資本結構完全由負債組成，那麼此時公司的價值會達到最大。但是這個結果，在現實世界不可能存在，因此納入破產成本與代理成本之後，重新考量 MM 理論。

首先，隨著負債程度增加，理論上發生財務危機的可能性也會增加，投資人會要求較高的必要報酬率，此時會使公司的價值減少。

另一方面，股東與債權人之間的代理關係會隨著負債產生，因此，當財務槓桿使用量增加，股東與債權人之間的代理關係也會更加嚴重。因為債權人為了避免代理問題的發生，會在債券契約上訂定各種限制條款與監督的機能，而其所衍生的費用與管理上的缺乏效率，都會導致公司價值減少。所以若將這兩種成本考慮進去，則此時：

> 舉債公司的價值 = 無舉債公司的價值 + 永續稅盾現值 − 破產成本及代理成本的現值

8-3 融資順位理論 (pecking order theory)

此理論由邁爾斯(Myers)提出，結合公司的投資、融資與股利政策，認為公司使用資金有下列的順序：

1. 公司最偏好使用「內部融資」(internal financing)

當有融資需求時，會盡量先使用自有資金，因為可以省去發行成本及外部人士之監督與限制。

2. **嚴守股利政策，但對內部融資及投資決策所需的資金保有彈性**

(1) 當內部融資的資金來源＞所需的資本支出時

多餘的資金可以用來償還負債、贖回股票，或是從事短期投資。

(2) 當內部融資的資金來源＜所需的資本支出時

此時會考慮使用外部融資(external financing)，也就是向外發行證券集資或向銀行借款。

所以當公司需要外部融資時，會根據成本高低，先使用成本較低的「負債」，再來是發行成本較高的「普通股」。因此，於融資順位理論中，公司沒有確定的「資本結構」，因為公司會優先使用保留盈餘，最後才使用普通股，負債與股東權益比例只是股利政策、投資政策、外部融資及內部融資相互影響的結果，且此結果會隨時間而改變。在實務上，可以用來解釋為何有些獲利不錯的公司，其負債偏低？那是因為其內部融資來源較穩健。

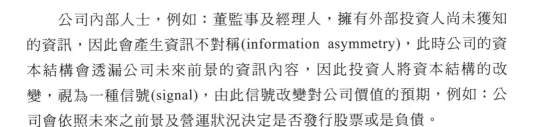

8-4 信號放射理論 (signaling theory)

公司內部人士，例如：董監事及經理人，擁有外部投資人尚未獲知的資訊，因此會產生資訊不對稱(information asymmetry)，此時公司的資本結構會透漏公司未來前景的資訊內容，因此投資人將資本結構的改變，視為一種信號(signal)，由此信號改變對公司價值的預期，例如：公司會依照未來之前景及營運狀況決定是否發行股票或是負債。

1. **如果公司看好未來及目前的股價被低估**：則公司傾向使用負債融資（舉債）。

2. **如果公司看淡未來及目前的股價被高估**：則公司傾向使用權益融資
（發行股票）。

　　這些信號傳到市場，投資人會隨著公司改變資本結構，來調整對公
司價值之預期，此種影響公司價值的效果，稱為資訊效果(information
effect)，與 MM 的結論相符。因為當公司提高負債時，負債的節稅利益
會提高公司的價值，也會在投資人心中產生「正面」的資訊效果，間接
提高公司的價值。

 ## 8-5　米勒模型(Miller Model)

　　若同時考慮公司所得稅及個人所得稅，則資本結構對於公司價值的
影響如下列公式所示：

$$V(L) = V(u) + \left[1 - \frac{(1 - T_c)(1 - T_s)}{(1 - T_d)} \right] \times D$$

　　其中 V(L) 表舉債公司的價值

　　　　V(u) 表無舉債公司的價值

　　　　T_c 表舉債公司的稅率

　　　　T_s 表股東個人所得稅率

　　　　T_d 表債權人所得稅率

　　當公司及個人所得稅同時存在的情況下，公司舉債雖然有節稅利
益，但是會被個人所得稅抵銷一部分，且隨著負債程度增加，抵銷的效
果越明顯，因為投資人利息收入越多，所適用的個人稅率等級也越高，
就會抵銷較多的節稅利益。米勒模型會有下列三種情形：

1. $(1-T_c)(1-T_s) < (1-T_d)$

   則 $\left[1 - \dfrac{(1-T_c)(1-T_s)}{(1-T_d)}\right] > 0$

   $\Rightarrow V(L) > V(u)$

2. $(1-T_c)(1-T_s) = (1-T_d)$

   則 $\left[1 - \dfrac{(1-T_c)(1-T_s)}{(1-T_d)}\right] = 0$

   $\Rightarrow V(L) = V(u)$

3. $(1-T_c)(1-T_s) > (1-T_d)$

   則 $\left[1 - \dfrac{(1-T_c)(1-T_s)}{(1-T_d)}\right] < 0$

   $\Rightarrow V(L) < V(u)$

習題 | Exercise

一、選擇題

( ) 1. 下列敘述何者有誤？ (A)負債稅盾效益(debt tax shield)對所有公司皆有意義，不管其是否有利潤 (B)對於有其他重大稅盾的公司，負債稅盾效果對公司的貢獻會變小 (C)息前稅前利潤(EBIT)波動程度越大的公司，越不適合發行新股，宜適合舉債 (D)增加負債比率，將會增加公司價值。 【台電、中油】

( ) 2. 當資本市場充分反映所有訊息時，公司應該在下列何種時機發行新股？ (A)當公司需要現金增資以進行投資，而且公司股價最近持續下跌 (B)當公司需要現金增資以進行投資，而且公司股價最近持續上漲 (C)當公司需要現金增資以進行投資，而且公司股價會最近相當平穩 (D)當公司需要現金增資以進行投資。 【高考】

( ) 3. 國際公司可以用 12% 的年利率舉債，如果持續舉債 5 億元，進行一項未考慮節稅利益時淨現值為 0 的投資計畫。若利息費用可以完全抵稅，公司所得稅率是 25%。負債抵稅效果的市價是多少億元？ (A)0.15 (B)0.6 (C)1.25 (D)5。 【高考】

( ) 4. 若公司的經營控制權並不穩定，為避免公司經營權的喪失，管理當局傾向以何種方式來融資？ (A)發行可轉換公司債 (B)發行附認股權證的公司債 (C)現金增資 (D)向銀行舉債長期資金。【高考】

( ) 5. 相對於長期融資途徑，以下何者不是短期融資之優點？ (A)短期融資速度較快 (B)短期融資金額較具彈性 (C)通常而言，短期融資資金成本較為低廉 (D)短期融資有較低的資金週轉不靈風險。【高考】

( ) 6. 若一公司預期在資本上獲得 20% 的報酬，在資產上獲得 14%的報酬，而在負債方面獲得 10% 的報酬，則此公司負債融資的比率是多少？（不考慮稅負的影響） (A)15% (B)40% (C)60% (D)75%。 【高考】

( ) 7. 在公司課稅方面，無稅負的 MM 理論無法成立的理由是： (A)舉債的公司所付的稅額，比另一個完全相同，但不舉債的公司所付的稅額少 (B)債權人要求的報酬率比股東要求的高 (C)每股盈餘與稅務無關 (D)股利與稅務無關。 【高考】

( ) 8. 下列有關資本結構理論之敘述，何者為真？ (A)在 MM 理論不考慮稅的狀況下，一公司之權益資金成本不會因負債程度不同而改變 (B)在 MM 理論不考慮稅的狀況下，一舉債公司之權益資金成本比考慮稅時要低 (C)在 MM 理論考慮稅的狀況下，一公司之加權平均資金不會因負債程度不同而改變 (D)在 MM 理論考慮稅的狀況下，一公司之價值會隨著負債程度增加而增加。 【高考】

( ) 9. 根據 MM 的資本結構理論，假設市場是完美的，且無公司所得稅與個人所得稅時，公司的價值（在其他條件不變下）： (A)會受到舉債與否的影響 (B)不會受到舉債與否的影響 (C)會與舉債金額呈比例增加 (D)以上皆非。 【高考】

( ) 10. 同上題，當存在公司所得稅時，下列敘述何者正確？(a)公司應多發行公司債或向銀行貸款；(b)公司應多辦理現金增資 (A)(a) (B)(b) (C)(a)(b) (D)以上皆非。 【高考】

( ) 11. 資本結構指的是： (A)總負債與業主權益的比率 (B)短期負債與長期負債的比率 (C)長期負債與業主權益的比率 (D)長期負債與普通股股本的比率。 【高考】

( ) 12. 依據 Modigliani 及 Miller 的 MM 理論，一個公司的資本結構對公司價值沒有影響乃因： (A)債權有稅盾 (B)代理成本的存在 (C)破產成本的存在 (D)在 MM 的假設環境下，投資者的套利行為會促使兩家現金流量相同的公司，儘管其資本結構不同，市場價值為相同。 【高考】

( ) 13. 對公司而言，發行下列何種證券之破產風險最低？ (A)公司債 (B)短期債券 (C)股票 (D)可轉換公司債。 【台大財金】

( ) 14. 假設台灣電力公司在 107 年底的負債比率為 57%，市場上所有公司（不含金融類）平均的負債比率只有 43%，您覺得以下看法何者不對？ (A)台電有能力承受比市場平均高的負債比率，盈餘收入穩定，營收較不受景氣循環影響 (B)台電在市場上屬於國營事業，政府為其最大的股東，故應降低其負債比率 (C)台電公司的故可承受比市場平均高的負債比率，因為其固定資產比例高 (D)台電公司屬於國營的獨占事業，無法任意變動價格，在需求不變下，其收入非常穩定，更使其破產機率微乎其微，增加其能夠承擔負債的能力。 【政大財管】

( ) 15. 三花公司現有股東權益 1 億元，負債 2 億元，若稅率為 15%，貸款利率為 10%，則負債稅盾之現值為： (A)300 萬元 (B)1,500 萬元 (C)3,000 萬元 (D)4,500 萬元。 【台大財金】

( ) 16. 假設台灣電信公司決定向銀行貸款 500 億元以買回部分在外流通之普通股（即舉債買回庫藏股），請問：根據稅的理論，台灣電信之股價應該： (A)上漲 (B)下跌 (C)不變。 【中山財管】

( ) 17. 延續上題，根據 MM 之理論（即沒有稅、沒有破產成本、沒有資訊不對稱），台灣電信之股價應該： (A)上漲 (B)下跌 (C)不變。 【中山財管】

( ) 18. 延續上題，在 MM 理論成立之原則下，以下何者不變：I 資產報酬率；II 台灣電信股價；III 股東權益報酬率；IV WACC： (A)I only (B)I and II only (C)II and III only (D)I, II, and IV only。 【中山財管】

( ) 19. 光華企業預期該企業之永續營運收入(EBIT)為 $8,000，且其目前有面值（等於市值）之負債 $20,000，每年付息 12%。若光華企業在不舉債時之權益資金成本為 16%，且其所得稅率為 25%，試問其公司之加權平均資金成本為多少？ (A)12.47% (B)13.32% (C)13.79% (D)14.12% (E)15.88%。 【台大財金】

(　　) 20. 下列何者非影響資本結構決策之因素？　(A)銷售額之穩定　(B)成長率　(C)控制權考量　(D)產品成本。　　　　　　　【中原財管】

(　　) 21. 下列何種金融工具不會改變公司的資本結構？　(A)銀行貸款　(B)備兌認股權證　(C)可轉換公司債　(D)現金增資　(E)以上都會。

【台大財金】

二、問答及計算題

1. 若公司未舉債前資產報酬率為 12%，負債成本為 8%，負債／權益比為 0.25，則根據原有的 MM 理論，公司普通股的必要報酬率為何？

2. 若 A 公司現有股東權益 1 億元，負債 2 億元，適用稅率為 15%，負債利率為 10%，則 A 公司的永續稅盾現值為多少？

3. 若 B 公司未舉債前資產報酬率為 12%，負債成本 8%，負債／權益比為 0.25，公司所得稅稅率為 25%，則根據新的 MM 理論，公司普通股的必要報酬率為何？

4. 可轉換債券(convertible bonds)是過去一段期間，台灣許多上市公司籌募長期資金的工具之一。說明何謂可轉換債券，其有何特性？如何轉換？

【淡江保險所】

5. 阿明退休後在台南開了一家麵店，生意非常好，每年利潤大概有 120 萬元左右。由於店面狹小，所以阿明考慮買下隔壁打通作為店面，預估店面擴張後，利潤可以增加成 210 萬元。隔壁的屋主要價 700 萬元，但是阿明手頭上沒有這麼多現金。朋友甲說願意借錢給阿明，但要求入股50%，將來利潤均分；朋友乙卻建議他去找銀行借錢。阿明找銀行的人談過，因為有店面，生意又好，所以銀行答應用 5% 的利息借錢給阿明。試問阿明到底應該採用哪一種方法來籌錢呢？　　　【中央財金所】

6. 試分析公司在以下各種情況下之進行融資時，下列三種融資方式：(a)發行股票；(b)發行債券；(c)發行可轉換公司債，各以哪一種（或哪幾種）融資方式較適合？為什麼？（請說明理由）(1)股市大漲時期；(2)市場利率低迷時期；(3)市場普遍預期未來該公司之前景看好。　　　【高考】

7. 作為公司財務人員，你認為公司資本結構的問題重要嗎？試從過去相關的理論觀點，討論公司的資本結構決策。　　　　　　　　　　【基層特考】

8. 中正工業（股）公司與其同業競爭者的財務資料如下所示（EBIT 是指稅前息前利潤）：

	中正公司	同業競爭者
負債／權益比	50%	30%
EBIT 的變異數	20%	40%
EBIT／企業市場價值	25%	15%
所得稅稅率	40%	30%
研究發展費用／銷貨收入	2%	5%

請問：

(1) 若你是財務人員，中正公司的負債比率是要提高或減少？為什麼？

(2) 若該公司已有下列方程式求得該公司最適負債比率，該比率值應為多少？

　　負債／權益比＝0.10－0.5×EBIT 變異數＋2.0×（EBIT／企業市場價值）＋0.4×營利事業所得稅稅率＋2.5×（研究發展費用／銷貨收入）。　　　　　　　　　　　　　　　　　　　　【普考】

9. 某家公司之負債總額為 500 萬元，股東權益總額為 1,000 萬元，該公司平均負擔利率成本為 8%，股票報酬率的 β 值為 1.5，資本市場無風險利率為 6%，市場平均收益率為 10%，公司營利事業所得稅稅率為 25%，請問：公司的永續稅盾現值為何？　　　　　　　　　　　　　【普考】

10. 何謂資本結構？不同資金來源及所占之比例大小，對企業營運有何影響？　　　　　　　　　　　　　　　　　　　　　　　　　　　【高考】

11. 請評論下列觀點：

(1) 負債稅盾效果(debt tax shield)對所有公司皆有意義，不管其是否有利潤。

(2) 對於有其他重大稅盾（例如：加速折舊、獎勵投資的稅額抵減）的公司，負債稅盾效果對公司的貢獻會變小。

(3) 息前稅前盈餘(EBIT)波動程度越大的公司，越不適合發行新股，宜適合增加負債。

(4) 人力資源與成長機會高的公司，由於破產成本較高，負債比率宜降。

(5) 增加公司負債比例，將會增加公司價值。

(6) 公司價值不可能低於股東權益價值。　　　　　【政大財管、輔大金研】

12. 三島公司現有股東權益 2,000 萬元，負債 1,000 萬元。假設資本結構永遠不變。已知權益報酬率為 20％，利率為 10％，稅率為 25％，則三島公司因負債而假節稅之現值為何？

又三島公司新的投資計畫所適用之折現率（稅後）為何？假設新計畫之風險與公司現有資產相同。　　　　　【台大財金】

Chapter 09

股利政策

Financial Management :
Theory and Practice

投資人只要購買公司股票，其所得到的報酬除了股價上漲時，可賺取的資本利得外還包含股利。而公司的股利政策，除了影響投資人外，也與公司的價值有關，所以本章即要討論公司股利政策的發放，影響公司股利政策的因素以及相關的問題，並且分析實務上的股利政策及其優缺點，做為本章的主要內容。

9-1 股利的種類

所謂股利(dividend)是指公司支付給股東的現金或是現金以外形式的報酬給付，其主要來源是保留盈餘。一般可以將股利分為下列六種型態：

一、現金股利(cash dividend)

是指公司按照每季或是每年從盈餘當中提撥現金來發放。一般而言，能定期發放現金股利的公司，通常都是獲利穩定的公司，然而獲利穩定的公司，並不一定每季或每年都會發放現金股利。

二、特別股利(special dividend)

又稱為額外股利(extra dividend)，顧名思義，是定期發放股利之外，「額外」再發放的股利。

三、清算股利(liquidating dividend)

當公司的負債大於資產時，被迫破產清算，將所有的資產變賣，還清債務之後，用所剩下的現金拿來支付股利，也就是公司並無盈餘，是以現金或其他財產來分配股利。

四、股票股利(stock dividend)

又稱為「無償配股」，是以公司的股票作為股利，所以又稱為「盈餘轉增資」或是「資本公積轉增資」，就是將保留盈餘或是資本公積，移轉給股東。公司若是發放股票股利，會讓公司流通在外的股數增加，每股股價會下降，也會稀釋每股盈餘(EPS)。所以若公司未來獲利成長速度不及股本膨脹的速度，每股盈餘會逐年下滑。

五、財產股利(property dividend)

公司雖然有保留盈餘，但是卻沒有足夠的現金發放股利，所以會以有價證券或存貨取代現金發放股利。

六、負債股利(liability dividend)

公司沒有現金可供發放，但是以應付票據當做股利來處理，於一定期間後，再兌換成現金。

無論何種股利，其發放都是由公司的董事會做成盈餘分配案，經股東會決議，當股東會表決通過後，便可開始規劃股利的實際發放作業。

而一般股利支付的程序如下圖：

宣告日　除息日　最後過戶日　停止過戶日　登記基準日　支付日

一、宣告日(declaration date)

是指當股利發放的議案送到股東會後，即由股東會表決，如過半數股東同意，則可宣布發放現金股利，也就是在支付日將股利支付給在登記基準日登記為公司股東的投資人。

二、除息日(ex-dividend date)

除息日是登記基準日往前算起的第六個營業日，主要是為避免在登記基準日當天買進股票的人數過多造成困擾所規定的，也就是說，在除息日以前已完成股票交易並於停止過戶日前辦理過戶的買方才享有分配現金股利的權利。若交易發生在除息日以後，則股利仍歸股票賣方所有。所以除息日是領取股利的權利與股票分開的時點。

另外，在除息日當天購買股票的投資人已領不到當期的股利，所以不會有投資人願意以約當前一日的收盤價來購買，此時股價將從原先水準扣減宣告之股利，此價格稱為除息參考價。

三、登記基準日(record date)

公司在最後過戶日結束後，會停止股票所有權的移轉作業，停止過戶五天，並以登記基準日當天的股東名冊，作為支付日支付現金股利的依據。

四、支付日(payment date)

支付日是指公司將股利支付給股東，完成整個股利發放作業的日子。

所以對公司而言，究竟應將多少盈餘當作股利發放給股東？將多少盈餘保留下來，作為公司再投資的決策？此即稱為股利政策(Dividend Policy)。一般而言，影響公司價值的財務決策有三種：

1. **投資決策**：如前幾章所述。

2. **股利決策**：如本章所討論。

3. **融資決策**：如後所述。

若以股利折現模式中的固定成長模式為例：

$$P_0 = \frac{D_1}{k-g} = \frac{D_0 \times (1+g)}{k-g}$$

其中 P_0 表股票價格

$\quad$ D_0 表本期股利支付額

$\quad$ D_1 表下期股利支付額

$\quad$ g表公司未來預期成長率

當其他條件不變時，提高下期的股利支付額，股票價格會因而上漲。但若現金股利提高，導致保留盈餘下降，公司未來預期成長率也會下降，則公司的股票價格也因此而降低。所以股利政策對股票價格可能會有兩種相反的效果，也就是說，可能提高或是降低公司的價值。

所以，如何在當期股利與公司未來預期的成長率間作一適當的權衡，使公司的價值達到最大的股利政策，是我們要討論的重點。

 ## 9-2　股利政策

一、股利政策無關論(dividend irrelevant theory)

在 1961 年莫迪格利安尼(Modigliani)與米勒(Miller)認為股利政策不會影響公司的價值或是資金成本，也就是，任何一種股利政策所產生的效果都可由其他形式的融資取代，公司不會按照股東的意願來發放股利，而股東也可以自製股利(homemade dividend)。所謂「自製股利」是指可以透過「多領的股利，再投資該公司的股票」或是「先借入股利，再投資該公司的股票」來創造投資的增值。

然而此理論有下列五種基本假設：

1. 無稅。

2. 無交易成本。若不滿意現金股利政策，可以將該公司的股票在不需負擔任何成本之情況下賣出。

3. 無發行成本。若公司發行新證券，不必負擔發行成本。

4. 公司有既定的投資政策。

5. 投資人對於是否收到現金股利沒有偏好。

　　基於上面五種基本假設，MM 認為公司採用任何股利政策都不會影響公司的價值，同時股東可以透過自行投資或是借貸選擇自己所偏好的股利政策，因此，無論從公司或是股東的角度來看，都不存在所謂的「最佳股利政策」，此種看法與 MM 之前所提出的資本結構無關論類似，都認為公司的價值與 EBIT 有關（投資決策），與資本結構及股利政策無關。

二、信號效果理論(signaling effect theory)

　　此理論認為股利的發放是一種信號，代表公司內部管理人員對於未來盈餘或是現金流量預期的看法。因為根據 MM 的實證研究發現：多數公司喜歡維持穩定的股利政策，也就是說，即使公司某些年的盈餘不好，通常不會減少股利的發放；而某些年的盈餘高於往年的水準，也不會輕易增加股利。因為股利的發放是一種資訊的傳達，若增加，表示公司營運是正向成長；若減少，表示公司營運是反向成長。因此影響股價的因素是股利政策改變的資訊內容，並非股利本身支付金額的多寡，所以不存在「最佳股利政策」。

三、顧客效果理論(clientele effect theory)

是指公司的股利政策會吸引某些特定的投資人購買該公司的股票。例如高所得的人，可能偏好低股利支付的股票；低所得的人，可能偏好高股利支付的股票。如果公司已經建立了特定的顧客群，若忽然改變股利政策，則會失去既有的股東，造成股價下跌，但也可能會吸引新的股東。

此理論又稱為下午茶理論，簡單說明，例如：某家飯店如果下午茶的客人多到需要排隊，表示該飯店營運不錯，故這家飯店的股票值得購買，而跟這家飯店的股利政策無關，因此與 MM 之股利政策無關論有異曲同工之妙。

四、股利政策有關論(dividend relevant theory)

若將股利政策無關論的相關假設逐一解除之後，會發現股利政策與公司的價值有高度的相關性，現歸納下列十項影響股利政策的因素：

（一）風險偏好(risk perfence)

財務學者戈登(Gordon)提出「一鳥在手理論」(bird in the hand theory)，認為投資人大多是風險規避者，比較喜歡能夠定期且可以收現的現金股利，對於不確定的資本利得，抱持著較有風險的態度。所以投資人在估計公司價值時，會提高低股利支付公司的必要報酬率，來補償遠期現金流量的風險，導致公司的股價下跌。所以資本利得像是在樹林中的兩隻鳥，比不上握在手中的鳥——現金股利，因此戈登(Gordon)認為管理階層應該提高股利支付率，才能增加公司的價值。

（二）稅率差異(tax preference)

此即稅率理論(tax differential theory)，財務學者布林頓(Britten)針對1920~1960 年美國公司的股利政策研究發現：如果稅率提高，公司會降低股利支付率，這是為了幫股東避稅而調整股利政策。所以在真實世界

中，存在著稅賦制度，而資本利得的稅率一般都較股利所得的稅率低，且資本利得只要未獲利了結，即不用繳稅，所以對於投資人而言，低股利支付的公司的評價較高；反之，高股利支付的公司，其價值也較低。所以公司管理當局為了股東財富極大化，而調整股利政策以達成財務管理的目的，這也是為什麼公司必須考量稅率差異的原因。

（三）發行成本(floatation cost)

如第五章所述，若公司由於資金需求，而必須發行新證券時，考慮發行成本，使用外部權益資金的成本會高於保留盈餘的成本，所以若資金不足，應避免發行太多的新證券，盡量使用保留盈餘，以免提高資金成本，使公司價值下降。因此，為了因應資金需求，公司會適時地累積保留盈餘，少發股利，因此股利政策與公司的價值息息相關。

（四）代理成本(agent cost)

所謂代理成本，是指股東與管理階層之間的代理成本。因為管理階層與股東的利益目標不一致，促使股東設計一些措施來監督、控制管理階層的作為，避免營私舞弊，然而這些措施往往會使公司行政效率不彰，產生代理成本。一些財務學者因而主張透過股利的支付間接降低代理成本，但是支付股利，表示公司保留盈餘將會減少，若有資金需求，勢必得使用外部權益資金，而外部權益資金，又會提高公司使用資金的成本，使公司的價值下降。因此，如何力求良好績效，使代理成本降到最低，間接提高公司的價值，是另一項值得思考的問題。

（五）法令限制(legal constraint)

有些相關的法令限制保留盈餘的發放，間接影響公司的價值，例如：

1. 資本損害限制(capital impairment restriction)：主要是為保護債權人的權益而設，公司法規定公司之股利支付不得超過保留盈餘之餘額。

2. 淨盈餘限制(net earnings restriction)：是指公司只能利用今年及過去年度的淨盈餘發放股利。

3. 危機限制(insolvency restriction)：是指已經陷入財務危機的公司，不得支付現金股利，以保障債權人的權益。

（六）限制條款(restrictive covenant)

是指有些公司發放特別股或是債券時，會有約束發放股利的金額與時機。

（七）變現性考量(liquidity consideration)

因為現金股利必須以現金支付，所以現金越多，表示這家公司支付能力越強，變現性越強。

（八）盈餘穩定性(earnings stability)

公司歷年盈餘均保持一定的穩定水準，管理當局才有信心並能預測未來，且將之反映於股利支付的政策上。

（九）股東之偏好

若公司的股東對於股利的支付有不同的偏好，例如喜歡領取現金股利或是股票股利，均會影響公司的股利政策，間接影響公司的價值。

（十）成長前景

如果公司管理階層對於未來前景的看法是樂觀的，則會保留公司盈餘，減少股利發放，以增加投資。反之，若對未來前景看法保守，則可能會維持原來穩定的股利政策。

上述這十種因素的考量，都會直接或是間接影響公司的股利政策，進而影響公司的價值。

五、剩餘股利政策(residual dividend policy)

在考慮股利政策時，必須兼顧公司未來的成長與股東最大的利益，而剩餘股利政策則是以公司未來的成長為優先考量，主張公司的保留盈餘應該先充分利用 NPV 大於零的投資機會，剩餘的部分才當作股利發放給股東，所以可以根據下面四個步驟來決定公司的股利支付率（即股利金額／稅後盈餘）。此股利政策是投資決策的附屬品，所以不會影響公司的價值，也就是說公司的價值完全由投資決策決定，類似 MM 理論的無關論。在此要特別注意的是：公司每年的投資計畫與盈餘水準均會改變，所以依據剩餘股利政策，每年的股利也會跟著改變。

1. 先決定最佳資本預算額，也就是先決定好 NPV 大於零的投資專案。

2. 其次，決定投資計畫所需的資金，一般可利用「資本預算額×（1－負債比率）」來估算。

3. 盡量使用內部權益資金來融通。由於發行新股的外部權益資金成本都較保留盈餘的資金成本高，所以應盡量使用自有資金來融通，至於保留盈餘應保留的最大額度或是最大的投資額度，可以用「稅後淨利／權益資金之比例」計算。

4. 最後，計算出應該發放的股利金額，即「稅後盈餘－資金需求」，算出股利金額之後，再除上稅後盈餘，即可得這家公司的股利支付率。

由於此政策是以公司未來的成長為優先考量，所以又稱為「慎宜政策」。

小試身手 ①

若台積電預期有 10 億元的稅後盈餘，且另有 5 億元的投資計畫，負債比率為 35%，則根據剩餘股利政策，台積電的股利支付率為多少？

六、穩定股利政策

　　根據實證結果顯示，多數公司都會維持穩定或是持續增加（考慮通貨膨脹）的股利政策，最主要原因是：

（一）對管理階層而言

1. 穩定的股利政策可以使投資人確定未來的預期收入，從而降低對公司普通股的必要報酬率，使公司價值提高。

2. 公司若無法穩定支付股利，則表示公司可能有潛在的市場流動性危機，造成公司價值下降。

（二）對投資者而言

1. 股利的宣布是一種市場信號，股利增加代表公司未來獲利較好，公司價值提高。反之，股利減少，代表公司未來獲利可能會減少，公司價值下降。

2. 有股東可能會依賴固定的股利收入，若股利收入不穩定，可能會造成股東出售股票，造成公司股本不穩定。

　　在台灣也有類似的政策，稱為「平衡股利政策」(balance dividend policy, BDP)目的也是希望藉著穩定成長的股利政策維持證券市場操作的穩定與投資者的長期利益。

七、固定股利支付率的股利政策

　　此種政策，顧名思義是指公司將每年賺得的稅後盈餘，提撥固定的百分比，作為股利發放給股東的股利政策。但是因為公司每年盈餘均會發生波動，所以每年的股利也會跟著變動，此種股利政策，在實務上並不常見。

小試身手 ②

　　若延續上例，台積電使用固定股利支付率為 50%，則股利發放金額為多少？

八、低正常股利加額外股利

　　此種政策主要是介於穩定的股利政策與固定股利支付率這兩種政策之間，也就是說每年支付較低的固定股利，在營運年度較好的時期再發放額外的股利，可以使公司有較大的營運資金彈性。一般而言，盈餘波動程度較高的公司適合採取此種政策。

九、股利再投資計畫(dividend reinvestment plans, DRP)

　　此計畫是指將股東所收到的現金股利再投資於所屬公司的股票，所以其作法可以分為：

1. 從次級市場購買已流通在外的所屬公司的股票。

2. 購買所屬公司新發行的普通股。

9-3　結　語

　　認識上述這些股利政策，究竟哪種股利政策較適合，還需公司多方考量才能找出合適的股利政策。

習題 | Exercise

一、選擇題

( ) 1. 公司執行高股票股利政策時，可能會造成怎樣的影響？ (A)股本增加 (B)盈餘被稀釋 (C)EPS 下降 (D)選項(A)、(B)、(C)皆是。

【證券商業務員測驗】

( ) 2. 股票股利將會影響下列哪些項目？ (A)每股市價 (B)每股面值 (C)每股帳面價值 (D)流通在外股數。 【台電、中油】

( ) 3. 根據股利顧客群效果，一個公司最好採： (A)高股利政策 (B)低股利政策 (C)穩定之股利政策 (D)折衷之股利政策。 【台電、中油】

( ) 4. 下列敘述何者正確？ (A)股票分割將使流通在外股數減少 (B)公司發放股票利會使股本減少 (C)一鳥在手論，認為股利是越高越好 (D)MM 理論認為公司價值視股利政策而定。 【台電】

( ) 5. 中興公司預期資本結構為 60% 負債及 40% 權益，且一直採用 40% 固定股利發放率政策。該公司今年底預計稅前盈餘 200 萬元，適用稅率為 25%，明年計畫執行之資本預算為 400 萬元，若繼續採固定股利發放率政策，該公司今年將發放多少股利？ (A)50 萬元 (B)60 萬元 (C)70 萬元 (D)80 萬元 (E)90 萬元。

【台電、中油】

( ) 6. 亞太公司目前的資本結構為 40% 債務 60% 權益，並且一直採用 50% 固定股利發放率政策。亞太公司預計今年年底之稅後淨利 400 萬元；且明年計畫執行之資本預算為 450 萬元，則亞太公司今年的股利發放數為： (A)0 元 (B)200 萬元 (C)70 萬元 (D)160 萬元。 【高考】

( ) 7. 假設資本利得稅低於一般所得稅，股利稅率差異理論則認為投資人對於股利越多的股票： (A)願付的股票價格越低，故其權益資金

成本也越低　(B)願付的股票價格越低，故其權益資金成本也越高
(C)願付的股票價格越高，故其權益資金成本也越低　(D)願付的股票價格越高，故其權益資金成本也越高。　　　　　【高考】

( )　8. 股利無關論認為股價決定於下列何者？　(A)公司產生盈餘能力
(B)公司股利發放金額　(C)公司股利發放比率　(D)公司銷貨金額。
　　　　　　　　　　　　　　　　　　　　　　　　　　　【高考】

( )　9. 經理人一邊發放股利，一邊籌募新的權益資金，其可能原因為何？
(A)股東利用籌募新的權益資金機制來降低經理人之代理成本　(B)該公司向外籌募權益資金成本，低於內部產生之權益資金成本
(C)該公司向外籌募權益資金成本，比負債資金成本便宜　(D)該公司向外籌募權益資金成本，等於內部產生之權益資金成本。【高考】

( )　10. 下列有關股利政策的敘述，何者為真？　(A)股利顧客理論預測年輕工作階層喜好發放高股利之股票　(B)在資本利得稅低於股利所得稅下，稅率差異理論主張投資者喜好高股利股票　(C)一鳥在手理論者主張投資者較喜歡資本利得而不喜歡股利　(D)股利無關論主張公司之價值取決於公司的盈餘能力大小，而非股利的大小。
　　　　　　　　　　　　　　　　　　　　　　　　　　　【高考】

( )　11. 股利稅率差異理論主張當資本利得稅低於一般所得稅時，投資人會有何偏好？　(A)喜歡股利發放率高的股票　(B)喜歡股利發放率低的股票　(C)對於股利和資本利得具有相同偏好　(D)喜歡股利發放率 100% 的股票。　　　　　　　　　　　　　　　　　　　【高考】

( )　12. 下列有關「股利政策無關理論」之敘述何者正確？　(A)假設稅率與通貨膨脹以相同的比率成長　(B)認為股利發放的時間對投資者沒有影響　(C)認為股票股利與現金股利對投資者而言沒有差異
(D)認為股票重新購回與現金股利對投資者而言沒有差異。　【高考】

( )　13. 設股利的稅率為 40%，資本利得的稅率為 20%，考慮下列兩種股票：股票 A：以 25 元買進，股利率 5%，以 28 元賣出；股票 B：

以 30 元買進，不支付股利，1 年後以 35 年賣出。下列 1 年後的稅後報酬率，何者為真？　(A)股票 A 的稅後報酬率比股票 B 高 1.27％　(B)股票 B 的稅後報酬率比股票 A 高 0.73％　(C)股票 A 的稅後報酬率比股票 B 高 0.27％　(D)股票 B 的稅後報酬率比股票 A 高 0.58％。　　　　　　　　　　　　　　　　　　　　　　【高考】

(　) 14. 若一企業採剩餘股利發放政策，下列有關股利發放之敘述，何者為真？　(A)若一企業在某一年度沒有發放股利，代表該年度營業沒有盈餘　(B)若一企業在某一年度發放股利，代表該企業當年所產生屬於普通股東所有之稅後盈餘大於該年度權益資金之需求　(C)若企業發行新股滿足權益資金之需求，代表該年度營業沒有盈餘　(D)若一企業在某一年度發放股利，代表該企業當年沒有權益資金之需求。　　　　　　　　　　　　　　　　　　　　　　　　【高考】

(　) 15. 假設甲公司平均資金成本為 14％，且目前有閒置資金 1,200 萬元，該公司未來 3 年可能之投資機會如下：

計畫	A	B	C
所需資金	300 萬元	200 萬元	500 萬元
內部報酬率	16%	10%	15%

如果根據股利剩餘理論做決策，則公司應發放多少股利？　(A)400 萬　(B)200 萬　(C)100 萬　(D)500 萬。　　　　　　　【政大財管】

(　) 16. 有關股利政策之敘述，何者為非？　(A)公司發放股利，必定可以增加股東財富　(B)戈登模型指出股利政策會影響股票價格進而影響公司價值　(C)MM 以外部融資評價模式來解釋股利中立性的主張　(D)股利剩餘理論是指在最適資本結構下，盡可能使用保留盈餘來支應權益資金的需求，盈餘有剩餘再發放股利。　【銘傳財金】

(　) 17. 股票股利將會影響下列哪些項目？I 每股市價；II 每股面值；III 每股帳面價值；IV 流通在外股數　(A)I 和 II　(B)I 和 IV　(C)I、II 及 III　(D)I、III 及 IV　(E)I、II、III 及 IV。　　　【台大財金】

( ) 18. 根據股利顧客效果，一個公司最好採： (A)高股利政策 (B)低股
利政策 (C)折衷之股利政策 (D)穩定之股利政策。 【台大財金】

( ) 19. 下列關於股利之敘述，何者為是？ (A)高登成長模式中，股利政
策與公司價值無關 (B)公司發放股票股利，可增加股東財富 (C)
股票股利與股票分割在會計處理上並無不同，僅其經濟上意義有異
(D)股利的剩餘理論是指公司有盈餘時，優先作股利發放之用，若
還有剩餘，才可供新投資計畫之資金來源 (E)MM 以外部融資評
價模式來解釋股利政策性的主張。 【台大財金】

二、問答及計算題

1. 若台積公司預期明年會有 5 億元的稅後盈餘，而同時會有 4 億元 NPV
大於零的資本預算，若該公司欲維持目前的負債比率(50％)，則依據剩
餘股利政策，台積公司明年的股利支付率為多少？

2. 同上例，若股利政策改為固定股利支付率為 40％，則明年股利金額需發
放多少？

3. 討論下列因素對公司股利政策的可能影響：
   (1) 公司現金是否充足。
   (2) 投資機會。
   (3) 發行新股的成本。
   (4) 以債權替代股權的能力。
   (5) 控制權。 【基層特考】

4. 假設您是一家新成立的網路科技公司的財務經理，公司成長快速，但盈
餘穩定性尚為不足，且董事長想保有較高的控制權。試問在此條件之
下，你應如何制定適當的股利發放政策？請詳述之。 【退三特】

5. 考量股利政策，試討論公司採用穩定股利政策的好處為何？ 【原住民】

6. 中華公司的最佳資本結構為負債 40%，權益資金 60%，公司的加權平均資金成本為 14%，公司今年的盈餘為 120 萬元，投資加權平均資金成本為 14%，公司今年的盈餘為 120 萬元，投資機會如下：

方案	投資金額	內部報酬率
甲	$1,200,000	21%
乙	100,000	19%
丙	600,000	15%
丁	200,000	13%

(1) 以上投資案均非互斥型，則根據股利的剩餘理論，公司應發放之股利為若干？

(2) 若該公司發放 48 萬元股利，且限制股權融資須來自內部產生之盈餘，則應接受哪些投資方案？ 【高考】

7. 某公司去年稅後盈餘 500 萬元，今年由於經濟不景氣，稅後盈餘為 475 萬元，目前流通在外股數為 100 萬股。該公司對未來仍然深具信心，決定再投資 400 萬元設立新廠，其中 60% 將來自負債，40% 來自權益資金。另外，該公司去年股利為每股 3 元。

(1) 若該公司每年均維持固定股利支付比率政策，則該公司今年每股股利應為若干？

(2) 若依純粹股利剩餘理論，則該公司今年每股應發多少股利？ 【高考】

8. 請評論下列說法：

(1) 股利發放多寡於理論上不應影響股價，因為投資人可以經由出售部分持股替代公司股利，此謂自製股利(homemade dividend)。

【台大財金】

(2) 當公司增加股利的發放，公司的股價隨即上升，因此較高的股利可增加公司的價值。 【政大財管】

9. 復興公司目前的資本結構為 60% 債務 40% 權益，並且一直採用剩餘股利發放政策(residual dividend policy)。復興公司預計今年年底之稅後淨利 $2,000,000。若復興公司決定維持現有資本結構，試問最多可以執行多少資本預算，而不須發行新股票。 【台大財金】

10. 資誠公司目前的資本結構為 40% 債務 60% 權益，並且一直採用剩餘股利發放政策。資誠預計今年年底之稅前淨利 $2,000,000，所得稅率 40%。若下一年度資誠欲執行的資本預算為$1,000,000，試問資誠公司該發多少元股利？ 【台大財金】

11. 亞太公司目前的資本結構為 50% 債務 50% 權益，並且一直採用 40% 固定股利發放率政策。亞太公司預計今年年底之稅前淨利$2,000,000（稅率為 25%）；且明年計畫執行之資本預算為$3,200,000。若亞太公司決定將 40% 固定股利發放率改成剩餘股利發放政策，試問股利變化數為多少？ 【台大財金】

Chapter **10**

財務規劃與
財務預測

Financial Management :
Theory and Practice

10-1 財務規劃的意義與目的

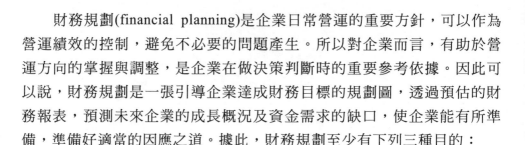

財務規劃(financial planning)是企業日常營運的重要方針,可以作為營運績效的控制,避免不必要的問題產生。所以對企業而言,有助於營運方向的掌握與調整,是企業在做決策判斷時的重要參考依據。因此可以說,財務規劃是一張引導企業達成財務目標的規劃圖,透過預估的財務報表,預測未來企業的成長概況及資金需求的缺口,使企業能有所準備,準備好適當的因應之道。據此,財務規劃至少有下列三種目的:

一、準備不時之需

財務規劃的目的在於使企業面對未來不確定的狀況時,能經由事前的預估與規劃,將不確定性產生的不利影響降到最低。未來的不確定情況有下列三種:

1. 未來前景樂觀

則企業的銷售額會成長,因此有必要擴充生產、擴大產能、產生資金需求,此時財務規劃的重點在於現有資金是否足夠支應、有無其他融資管道、何種方式籌措資金等等。

2. 未來前景悲觀

則企業的銷售可能停滯、存貨滯銷,此時財務規劃的重點在於如何因應以渡過難關,避免發生資金週轉不靈,且防止倒閉現象。

3. 未來前景正常

未來前景正常的發生機率較高,財務規劃的目的之一,即是希望藉著預先設想的情況研擬對策,以減少企業受到不利的衝擊。

二、確立未來目標

透過財務規劃,可以推估未來銷售額的增減變動情形以及未來資金的缺口數額,從而訂定明確的營運目標。

三、確立融資規劃

透過財務規劃可以預估資金缺口,並且在企業評估與選擇投資方案的同時,作為判斷投資與融資的準則,使資金的取得更有效率。

10-2　財務規劃的步驟

其基本步驟如下:

一、預估銷售額

因為財務的規劃來源是根基於銷售額,而銷售額的預估,可以歷年的銷售額情形做為預估的基準。

二、編製預估財務報表

編製預估財務報表之前,有兩個基本假設:

1. 假設資產負債表大部分的會計科目均與銷售額有直接且密切的關係。

2. 假設在目前銷售額水準下所有的資產規模都是最適規模。

因此,在上述兩項基本假設下,根據預估的銷售額,再透過銷售額與資產負債表和損益表各個會計科目的關係來編製預估的財務報表。

三、預估資產的增加數額

當預估的銷售額增加時,相關的固定資產或是營運資金也會隨之增加,則必須計算資產增加的預估金額。

四、預估額外的資金需求

企業資金的來源,可以分為內部資金與外部資金,而銷售額的預估,若是增加,當然會提高企業的獲利,但是所賺取的盈餘,是否夠支

應步驟（三）所增加的資產預估金額？若是不足，則會產生「額外資金需求」(additional fund needed, AFN)，至於該如何預估 AFN？有兩種方法，分別是銷售額百分比法(percentage of sales)與公式法。此兩種方法，下一節再詳述。

五、選擇適當的融資管道

財務規劃的最後步驟，便是選擇適當的融資管道，例如：對外舉債或是發行新股，當然任何管理都要以評估資金成本的高低為依歸。

 ## 10-3 資金需求的預估方法

基本上有兩種方法：

一、銷售額百分比法

所謂「銷售額百分比法」，是將資產負債表上的各會計科目的金額除以銷售金額，得到一個百分比的數字，再將預估的銷售金額乘上每個會計科目的百分比，便可編製預估的資產負債表，據此可以推估公司需要多少的額外資金，而其中部分的額外資金是內部融資，源自於銷售額成長時所產生的盈餘及自發性資金，而扣除內部融資後的剩餘資金需求，便是企業所需的額外資金需求。

例如：A 公司在本年的銷售額為 400 萬元，資產規模是最適規模，預期明年的銷售額成長為 5%，淨利率$\left(M = \dfrac{稅後淨利}{銷貨收入}\right)$為 5%，股利支付率$\left(D = \dfrac{股利金額}{稅後盈餘}\right)$為 60%，而 A 公司的資產負債表如下：

▼ 表 10-1

A 公司

資產負債表

本年 12 月 31 日

單位：萬元

資產		負債及股東權益		
流動資產		流動負債		
現金	$20	應付帳款	$20	
應收帳款	20	應付票據	40	
存貨	20	流動負債合計		$60
流動資產合計	$60	長期負債		80
固定資產	180	股東權益		
資產總額	$240	普通股	$80	
		保留盈餘	20	100
		負債及股東權益總額		$240

　　若 A 公司使用銷售額百分比法規劃資金需求，則需要多少額外資金？

〈步驟一〉先計算銷售額百分比

　　判斷隨銷售額變動的會計科目，並將之除以銷售額，求出其占銷售額的百分比。

〈步驟二〉預估會隨銷售額變動之會計科目餘額

　　明年的銷售額預估值為：$400 \times (1 + 5\%) = 420$

　　乘上〈步驟一〉所求之各會計科目餘額占銷售額的百分比，即可求得各會計科目的預估值。

〈步驟三〉延用不隨銷售額變動的會計科目餘額

這些會計科目包含應付票據、長期負債與普通股等。

〈步驟四〉預估保留盈餘

$$明年的淨利 = 預估的銷售額 \times 淨利率$$
$$= 420 \times 5\%$$
$$= 21$$

則明年底的保留盈餘 = 今年保留盈餘 + 明年淨利 × （1 - 股利支付率）

$$= 20 + 21 \times (1 - 60\%)$$
$$= 28.4$$

〈步驟五〉估計額外資金需求

將資產負債表中資產相關的會計科目加總，求得資產總額為 252 萬元，而如表 10-2 中所示，負債及股東權益的總額只有 249.4 萬元，因此短缺了 2.6 萬元，此即為額外資金需求。

▼ 表 10-2

A 公司
預估資產負債表
×年 12 月 31 日

	本年 12 月 31 日	各科目占銷售額百分比	明年 12 月 31 日
資產			
現金	$20	5%	$21
應收帳款	20	5%	21
存貨	20	5%	21
固定資產	180	45%	189
資產總額	240		252
負債			
應付帳款	$20	5%	$21
應付票據	40		40
長期負債	80		80
普通股	80		80
保留盈餘	20		28.4
負債及股東權益 （籌資前）	$240		$249.4
AFN			2.6
負債及股東權益總額 （籌資後）			$252

〈步驟六〉籌措所需資金

　　利用預估資產負債表，即可計算出所需的資金缺口，接下來的問題，便是如何籌措所需的資金。而考慮的重點為是否可以搭配企業目前的資本結構，例如：長期負債與股東權益的比例，或是以短期負債來融通，不論使用何種方式，都必須考量資金成本，因為過高的資金成本會

使獲利降低，也會損害產品的競爭力。

二、公式法

另有簡便的公式可以代入求出額外資金需求(AFN)：

$$AFN = \Delta S \times \frac{A}{S_0} - \Delta S \times \frac{L}{S_0} - M \times S_1 \times (1-D)$$

其中 ΔS 表銷售額的變動量

A 表資產

L 表負債（只有隨銷售變動之流動負債才需列入）

S_0 表原銷售額

S_1 表新的銷售額

M 表淨利率 $= \dfrac{稅後淨利}{銷貨收入}$

D 表股利率 $= \dfrac{股利金額}{稅後盈餘}$

以上述 A 公司為例，本年的銷售額 (S_0) 為 400 萬元，明年的銷售額 (S_1) 為 420 萬元，所以 $\Delta S = 420 - 400 = 20$，因此 A 公司之 AFN 計算方式為：

$$AFN = 20 \times \frac{240}{400} - 20 \times \frac{20}{400} - 5\% \times 420 \times (1-60\%)$$

$$= 2.6$$

小試身手 ①

　　台積電 2018 年 12 月 31 日之資產負債表如下，除此之外，該公司在 2018 年之銷售額為 20,000 千萬元，稅後淨利為 800 千萬元，支付 190 千萬元的股利，則利用銷售額百分比法，若 2019 年台積電的銷售額預估可達 25,000 千萬元，則 2019 年之額外資金需求有多少？

台積電

資產負債表

2018 年 12 月 31 日　　　　　單位：百萬元

現金	$8,000	應付帳款	$12,500
應收帳款	26,000	應付票據	10,250
存貨	41,000	應付費用	8,750
流動資產合計	$75,000	流動負債合計	$31,500
固定資產	80,000	抵押負債	35,000
減：累計折舊	(37,500)	普通股	41,000
固定資產淨值	42,500	保留盈餘	20.000
資產總額	$117,500	負債及股東權益總額	$117,500

小試身手 ②

　　解釋名詞：銷售額百分比法

(1) 其意義與假設為何？

(2) 下列科目中，哪些通常不會隨銷售額的增加而自發性地增加？

現金	應付帳款
應收帳款	應付票據
存貨	應付薪資與所得稅
淨固定資產	抵押公司債
	普通股
	保留盈餘　　　　　【基層特考】

MEMO

Chapter

11

營運資金管理

Financial Management :
Theory and Practice

11-1 營運資金的意義及重要性

營運資金與企業的日常經營行為息息相關,因此,從財務管理的角度來看,營運資金(working capital)的意義可以有兩種:

1. 毛營運資金(gross working capital, GWC)

是以流動資產總額代表營運資金,流動資產包含現金、金融資產、應收票據、應收帳款與存貨等等,這些資產由於其週轉速度快,且數量增減的頻率經常與企業的銷售額成正比,故稱為營運資金。

2. 淨營運資金(net working capital, NWC)

是以流動資產減去流動負債表示。流動負債包含短期借款、應付帳款、應付票據等等可以用來衡量企業的短期償債能力或是週轉能力。

所以,簡而言之,營運資金可以對企業未來的營運狀況作初步的分析,其重要性可以歸納如下:

1. 攸關企業利潤的高低。

2. 為企業生存與成長之動力。

3. 償債能力之指標。

以 A 公司為例，比較部分資產負債表如下：

	2017/12/31	2018/12/31
流動資產		
現金	$20,685	$27,195
金融資產	6,195	6,510
應收票據	323,925	307,335
應收帳款	35,490	70,455
流動資產合計	$386,295	$411,495
流動負債		
應付票據	$91,980	$114,345
應付帳款	221,970	224,490
短期借款	15,435	15,750
流動負債合計	$329,385	$354,585

因此 A 公司的毛營運資金(GWC) $\Rightarrow 386,295\ (2013/12/31)$

$\Rightarrow 411,495\ (2014/12/31)$

毛營運資金增加額度為：$411,495 - 386,295 = 25,200$

淨營運資金(NWC) $\Rightarrow 386,295 - 329,385 = 56,910\,(2013/12/31)$

$\Rightarrow 411,495 - 354,585 = 56,910\,(2014/12/31)$

淨營運資金增加額度為：$56,910 - 56,910 = 0$

因此 A 公司的毛營運資金一年內增加了 25,200 元，必須另外籌措資金來填補這部分營運資金的缺口。

另外，若知道流動資產占營業額的比例，且可預估營業額的增加量，也能據此估計毛營運資金及淨營運資金之變動量。例如：B 公司的現金、應收票據、存貨及應付帳款分別占營業額之 6%、12%、18% 及 9%，若 B 公司認為明年營業額將增加 200 萬元時，則 B 公司的毛營運資金及淨營運資金將變動多少？

毛營運資金之變動額度為：$200 \times (6\% + 12\% + 18\%) = 36$ （萬元）

淨營運資金之變動額度為：$200 \times (6\% + 12\% + 18\% - 9\%) = 34$ （萬元）

營運資金如前所述，影響了企業的運作與利潤的高低，所以如何維持良好的營運資金的管理，對於企業而言，是非常重要的課題。因此，我們先來討論營運資金的來源，一般來說，資金的來源或稱為融資政策，基本上會要求短期資金需求由短期負債融通，長期資金需求，由長期負債或是權益資金融通。但是若流動資產都以流動負債融通，則淨營運資金等於零，在實際上是不太可能的，因為並非所有企業都能適時取得短期資金融通短期資金需求，因此便產生了三種不同的政策：

一、積極政策

所謂的積極政策，是以長期資金融通固定資產，並以短期資金融通永久性的流通資產及所有的暫時性流動資產。永久性流動資產(permanent current assets)是指持有數量不受短期因素影響，但是會隨著企業規模成長而增加的流動資產，例如：不論淡旺季，都會有最低的存貨數量。而暫時性流動資產(temporary current assets)是指為因應非常態性的資金需求所持有的流動資產，例如：季節性的額外需求（聖誕節）或是突發狀況（戰爭），使原物料價格上漲。

此種政策最大好處是，以成本較低的短期資金取代部分用來融通永久性流動資產的長期資金，使得企業可以減少因為融資所需支付的利息，降低資金成本。缺點是，若利率上漲，資金成本也會跟著提高，這是必須評估的地方。

二、適中政策

採用適中政策，是指使用長期融資的方式（例如：長期負債、股東權益）融通固定資產及永久性流動資產，而使用各種短期資金（例如：應付票據、短期借款）融通暫時性流動資產，亦即「以長支長，以短支短」。

此種政策有兩項優點：

1. 資產與負債的到期期間相互配合，可以避免使用短期負債支應長期資產（例如固定資產）時，所必須面臨到期時的風險。

2. 可以避免使用長期負債支應流動資產時所額外增加的資金成本。

三、保守政策

此政策是使用長期資金融通企業各種的資金需求。好處是安全性高，但是資金成本也高，會影響企業的獲利。

11-2 營運資金的管理

一、現金管理

企業不能沒有現金，否則很容易發生週轉不靈，導致流動性危機，但是握有太多現金卻缺乏積極有效的管理，也是一種無效率的表現，因此，如何持有最少的現金，卻仍能使企業所有的活動有效率地運作，是現金管理最基本的目標。因此本節從現金轉換循環，來討論現金管理。

營業循環(operating cycle)是指企業從購買原物料、支付所有相關之生產成本產生的現金支出到產品出售、產生應收帳款、再到應收帳款收現為止。「存貨轉換期間」(inventory conversion period)，係指企業從購買原物料、製成產品出售這段期間；「應收帳款轉換期間」(receivables conversion period)係指產品出售產生應收帳款，再到應收帳款收到現金止，這段期間，企業購買生產所需的原物料，直到實際支付現金的這段期間，稱為「應付帳款遞延支付期間」(payables deferral period)，因為購買原物料只是下訂單，尚未實際支付現金，因此產生了時間上的遞延。而企業以現金支付應付帳款起到應收帳款收現金止的這段期間，稱為「現金轉換循環」(cash conversion cycle)，是指企業付出現金給原物

料供應商，到銷售商品轉為應收帳款，再將應收帳款轉換成現金的平均期間。所以：

$$營業循環 = 存貨轉換期間 + 應收帳款轉換期間$$
$$= 現金轉換循轉 + 應付帳款遞延支付期間$$

移項可得：

$$現金轉換循環 = 營業循環 - 應付帳款遞延支付期間$$
$$= 存貨轉換期間 + 應收帳款轉換期間$$
$$- 應付帳款遞延支付期間$$
$$= \frac{365天}{存貨週轉率} + \frac{365天}{應收帳款週轉率}$$
$$- \frac{365天}{應付帳款週轉率}$$

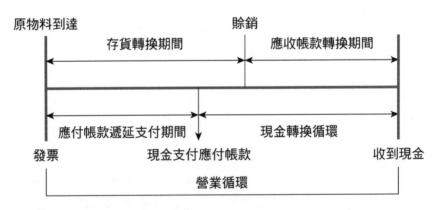

其中 $存貨週轉率 = \dfrac{銷貨成本}{平均存貨}$

$應收帳款週轉率 = \dfrac{銷貨淨額}{平均應收帳款}$

$應付帳款週轉率 = \dfrac{銷貨成本}{平均應付帳款}$

例如 A 公司的務資料如下：

賒銷淨額　　　$8,800,000

銷貨成本　　　$7,400,000

平均應收帳款　3,000,000

平均應付帳款　2,200,000

平均存貨　　　　500,000

則存貨週轉率 $= \dfrac{7,400,000}{500,000} = 14.8$

存貨轉換期間 $= \dfrac{365}{14.8} = 24.66$（天）

應收帳款週轉率 $= \dfrac{8,800,000}{3,000,000} = 2.93$

應收帳款轉換期間 $= \dfrac{365}{2.93} = 124.57$（天）

應付帳款週轉率 $= \dfrac{7,400,000}{2,200,000} = 3.36$

應付帳款遞延支付期間 $= \dfrac{365}{3.36} = 168.63$（天）

所以營業循環 $= 24.66 + 124.57 = 149.23$（天）

現金轉換循環 $= 24.66 + 124.57 - 108.63 = 40.6$（天）

　　由上述 A 公司的例子，可以知道企業在現金轉換循環的過程中，會產生 40.6 天的融資需求，如何預測、規劃並且滿足這一部分的短期融資需求，便是營運資金管理的一部分。而根據現金轉換循環的組成分子，管理者可以：

1. 提高生產力，縮短存貨轉換時間。

2. 提高收現速度縮短應收帳款轉換時間。

3. 延後應付帳款支付延長應付帳款遞延支付期間。

由這三方面相輔相成，以有效縮短現金轉換循環，提高營運資金管理的效率。

二、應收帳款管理

現代企業銷售產品多數是賒銷，如此則會產生應收帳款。因此應收帳款管理的好壞會直接影響企業獲利，如何在成本與效益之間做適當的選擇，便是應收帳款管理的重點，一般來說，應是往來已久的客戶，才會產生應收帳款，所以客戶的信用衡量與政策，便是應收帳款管理的核心。

（一）信用政策(credit policy)

信用政策是指企業要求客戶遵守的信用融資制度，包含：

1. 信用標準(credit standard)

信用標準是指客戶所需具備最低的財務程度，一般可以透過財務報表、往來銀行或是信用調查機構報告分析客戶的信用品質。

2. 信用期間(credit period)

信用期間是指企業給予客戶的付款時間，可以依客戶的存貨轉換期間決定信用期間的長短。

3. 收帳政策(collection policy)

收帳政策是指企業催收過期應收帳款的依循程序。一般收帳方法有四種：寄催收信、電話通知、委託催收機構及採取法律行動。必須依照財務狀況衡量預算，才能制定出適合的收帳政策。

4. 現金折扣(cash discount)

現金折扣是企業為了鼓勵客戶提早還款，所給予客戶的折扣。折扣越高、收款越少，所以企業必須衡量兩者，給予最適當的現金折扣。

（二）信用的衡量

最常用有下列的 5C 制度，用以評估客戶的信用評等。

1. 品格(character)：是指客戶的償債意願，企業可以透過(1)財務報表摘要；(2)財務比率；(3)趨勢分析；(4)客戶的信用評等；(5)客戶的背景資料；(6)客戶與銀行或供應商之付款情形；(7)客戶的實際營運狀況，來了解客戶的品格。

2. 能力(capacity)：是指客戶的償債能力，可由過去償債紀錄判斷。

3. 資本(capital)：是指企業的財務狀況，可由財務報表分析判斷。

4. 擔保品(collateral)：是指客戶提出作為擔保用之資產，價值越高，違約風險越低。

5. 情勢(condition)：是指外在環境的變化，間接影響客戶的償債能力。

三、有價證券管理

　　企業為了使現金的運用更有效率，會將多餘現金投資於有價證券。而投資有價證券最重要的是其流動性與安全性，因此在投資有價證券時需考慮下列風險與因素。

（一）違約風險(default risk)

　　違約風險是指有價證券到期時，發行者無法如期支付本金或利息所產生的風險。一般而言，考慮發行者按期支付利息與本金的能力後，多會選擇無風險或風險很低的政府債券。

（二）流動性風險(liquidity risk)

　　流動性風險是指企業無法將有價證券以合理價格轉換為現金所產生的風險。多數有價證券都有活絡的次級市場，要變現較不困難。

（三）利率風險(interest rate risk)

　　利率風險是指因利率波動而損失的風險，多數有價證券都存有利率風險，即使是政府債券也會因利率變動而影響其價格，所以一般企業為了防止利率風險，會避免投資超過 180 天或 270 天的有價證券。

（四） 通貨膨脹風險(inflation risk)

通貨膨脹風險是指因通貨膨脹而使貨幣購買力下降所產生的風險。因為在通貨膨脹期間，固定收益證券例如特別股、長期債券，由於報酬固定，使得貨幣的價值降低，面臨的通貨膨脹風險較大。反之，報酬率在通貨膨脹期間預期會上漲的資產，例如：普通股、房地產，其通貨膨脹的風險較低。

（五） 投資報酬率

由於高風險、高報酬；低風險、低報酬，企業為避免違約風險，多會投資政府債券，且可以有合理的投資收益，因此投資報酬率的高低，非有價證券管理的重點。

四、存貨管理

存貨管理在營運資金管理當中占有很重要的地位，因為以營運資金管理的角度而言，存貨是成本，非資產。存貨不足，訂單流失；存貨過多，積壓資金。因此存貨的管理，必須在成本與效益之間作選擇，首先來認識存貨的主要成本。

1. **持有成本(carrying cost)**：包含倉儲成本、保險費、意外損失等等。

2. **訂購成本(ordering cost)**：包含電話費、文書處理費、運送費等等。

3. **短缺成本(shortage cost)**：包含銷售損失、信譽不佳、生產無法連續的損失等等。

為了使存貨相關成本降到最低，有下列幾種存貨管理技術：

（一） ABC 法

此方法相當簡單，實務上也普及，即是將存貨分為 A、B、C 三類，A 類代表經常使用或是較昂貴；B 類次之；C 類更次之。當企業之

存貨成本高低相差甚多時，常採用此方法。所以利用 ABC 法將存貨依重要性分類，再給予不同程度的存貨管理。

（二）EOQ 法

EOQ 即經濟訂購量(economic order quantity)之簡稱，此方法是為決定最適訂購量，其觀念如下圖：

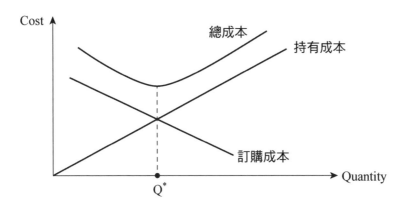

訂購成本對每筆訂購而言是固定的，所以每次訂購數量越多，所需的訂購次數就越少。但也因訂購數量的增加，資金積壓的程度也增加，所以持有成本上升，如此使得總成本（訂購成本加上持有成本）有了極小值而呈 U 型。而經濟訂購量，即是使總存貨成本最小的每筆訂購量，公式如下：

$$Q^* = \sqrt{\frac{2 \times T \times F}{CC}}$$

其中 CC 是指單位持有成本

F 是指訂購一次的固定成本

T 是指全年銷售數量

Q 是每次訂購數量

總存貨成本＝訂購成本＋持有成本

$$TIC = TOC + TCC = F \times \frac{T}{Q} + \frac{Q}{2} \times CC$$

對訂購量(Q)全微分可得：

$$\frac{dTIC}{dQ} = -\frac{FT}{(Q^*)^2} + \frac{CC}{2} = 0 \Rightarrow \frac{FT}{(Q^*)^2} = \frac{CC}{2} \Rightarrow Q^* = \sqrt{\frac{2TF}{CC}}$$

例如 B 公司每年出售 10,000 部筆記型電腦，持有成本約為存貨的 20%，每部筆記型電腦之進貨成本為 30,000 元，訂購一次之固定成本為 2,000 元，則：

$$Q^* = \sqrt{\frac{2 \times 10,000 \times 2,000}{30,000 \times 20\%}} \doteq 77$$

所以 B 公司每次應訂購 77 部筆記型電腦，其平均存貨為 $\frac{77}{2} \doteq 38.5$ 部，其總存貨成本為：

$$\frac{77}{2} \times 30,000 \times 20\% + 2,000 \times \frac{10,000}{77}$$

$$\doteq 231,000 + 259,740$$

$$\doteq 490,740 元（最小值）$$

小試身手 ①

C 公司的平均存貨為 8,100 單位，每單位持有成本為 0.25 元，目前公司每月月初下單購買 3,600 單位，訂購一次的固定成本為 30 元，則 C 公司的經濟訂購量為何？

習題 | Exercise

一、選擇題

( ) 1. 某公司之現金、應收帳款、存貨及應付帳款分別占營業額之 5%、10%、15% 及 8%，當營業額增加 100 萬時，淨營運資金將增（減）多少？ (A)減少 22 萬 (B)增加 22 萬 (C)減少 30 萬 (D)增加 30 萬。 【台電、中油】

( ) 2. 某公司以短期借款取得現金，請問下列敘述何者正確？（假設原來的流動比率大於 1） (A)流動資產增加 (B)淨營運資金增加 (C)流動比率增加 (D)流動比率減少 (E)流動資產減少。 【台電、中油】

( ) 3. 以下各長短資金融資組合政策中，何種方法之財務風險最低？ (A)資金來源與用途相配合 (B)長期資金來源大於長期資金需求 (C)長期資金來源小於長期資金需求 (D)長期資金來源等於固定資產需求。 【台電、中油】

( ) 4. 投資在購買有價證券時，必須承擔該證券能否在短期按市價出售的風險，這種風險稱為： (A)違約風險 (B)利率風險 (C)流動性風險 (D)報酬率風險 (E)購買力風險。 【台電、中油】

( ) 5. 現金管理的基本原則是： (A)盡量配合現金流入的時間進行現金支出 (B)延遲付款 (C)加緊收款 (D)現金餘額必須滿足補償餘額及考慮利息損失與交易成本。 【台電、中油】

( ) 6. 資金配合原則是指： (A)資產與負債及淨值之壽年配合 (B)流動資產與固定資產金額之配合 (C)固定資產與銷售額之配合 (D)配合營運資金與固定資產額之配合。 【中山財管】

( ) 7. 以下各長短期資金融資組合政策中，何種方法之財務風險最低？ (A)資金來源與用途相配合 (B)長期資金來源大於長期資金需求 (C)長期資金來源小於長期資金需求 (D)長期資金來源等於固定資產需求。 【南華資管】

( ) 8. 現金管理的基本原則是： (A)盡量配合現金流入的時間進行現金支出 (B)延遲付款 (C)加緊收款 (D)現金餘額必須滿足補償餘額 (compensating balance)及考慮利息損失與交易成本 (E)以上皆是。 【中山財管】

二、問答及計算題

1. 說明決定存貨最適數量之基本模式，以及基本存貨量之決定要素。

【原住民】

2. 何謂淨營運資金？對公司營運之影響為何？ 【基層特考】

3. 試繪圖並說明企業長短期資金運用及來源之配合方式。 【高考】

4. 下列公司何者之營運資金政策最為積極？

公司	總資產	流動負債	長期負債
J	$1,500	$100	$900
K	$1,200	$200	$300
L	$2,100	$300	$700
M	$ 500	$100	$300
N	$1,600	$400	$600

【中山財管】

5. 廠商在提供應收帳款給客戶時，會產生哪些成本？信用政策的改變對這些成本有什麼影響？ 【南華財管】

Appendix

附　　錄

Financial Management :
Theory and Practice

附錄一 │ 現值利率因子

$$PVIF(k\%, n) = \frac{1}{(1 + k\%)^n}$$

期數	1%	2%	3%	4%	5%	6%	7%	8%	9%	10%
1	0.9901	0.9804	0.9709	0.9615	0.9524	0.9434	0.9346	0.9259	0.9174	0.9091
2	0.9803	0.9612	0.9426	0.9246	0.9070	0.8900	0.8734	0.8573	0.8417	0.8264
3	0.9706	0.9423	0.9151	0.8890	0.8638	0.8396	0.8163	0.7938	0.7722	0.7513
4	0.9610	0.9238	0.8885	0.8548	0.8227	0.7921	0.7629	0.7350	0.7084	0.6830
5	0.9515	0.9057	0.8626	0.8219	0.7835	0.7473	0.7130	0.6806	0.6499	0.6209
6	0.9420	0.8880	0.8375	0.7903	0.7462	0.7050	0.6663	0.6302	0.5963	0.5645
7	0.9327	0.8706	0.8131	0.7599	0.7107	0.6651	0.6227	0.5835	0.5470	0.5132
8	0.9235	0.8535	0.7894	0.7307	0.6768	0.6274	0.5820	0.5403	0.5019	0.4665
9	0.9143	0.8368	0.7664	0.7026	0.6446	0.5919	0.5439	0.5002	0.4604	0.4241
10	0.9053	0.8203	0.7441	0.6756	0.6139	0.5584	0.5083	0.4632	0.4224	0.3855
11	0.8963	0.8043	0.7224	0.6496	0.5847	0.5268	0.4751	0.4289	0.3875	0.3505
12	0.8874	0.7885	0.7014	0.6246	0.5568	0.4970	0.4440	0.3971	0.3555	0.3186
13	0.8787	0.7730	0.6810	0.6006	0.5303	0.4688	0.4150	0.3677	0.3262	0.2897
14	0.8700	0.7579	0.6611	0.5775	0.5051	0.4423	0.3878	0.3405	0.2992	0.2633
15	0.8613	0.7430	0.6419	0.5553	0.4810	0.4173	0.3624	0.3152	0.2745	0.2394
16	0.8528	0.7284	0.6232	0.5339	0.4581	0.3936	0.3387	0.2919	0.2519	0.2176
17	0.8444	0.7142	0.6050	0.5134	0.4363	0.3714	0.3166	0.2703	0.2311	0.1978
18	0.8360	0.7002	0.5874	0.4936	0.4155	0.3503	0.2959	0.2502	0.2120	0.1799
19	0.8277	0.6864	0.5703	0.4746	0.3957	0.3305	0.2765	0.2317	0.1945	0.1635
20	0.8195	0.6730	0.5537	0.4564	0.3769	0.3118	0.2584	0.2145	0.1784	0.1486
21	0.8114	0.6598	0.5375	0.4388	0.3589	0.2942	0.2415	0.1987	0.1637	0.1351
22	0.8038	0.6468	0.5219	0.4220	0.3418	0.2775	0.2257	0.1839	0.1502	0.1228
23	0.7954	0.6342	0.5067	0.4057	0.3256	0.2618	0.2109	0.1703	0.1378	0.1117
24	0.7876	0.6217	0.4919	0.3901	0.3101	0.2470	0.1971	0.1577	0.1264	0.1015
25	0.7798	0.6095	0.4776	0.3751	0.2953	0.2330	0.1842	0.1460	0.1160	0.0923
26	0.7720	0.5976	0.4637	0.3607	0.2812	0.2198	0.1722	0.1352	0.1064	0.0839
27	0.7644	0.5859	0.4502	0.3468	0.2678	0.2074	0.1609	0.1252	0.0976	0.0763
28	0.7568	0.5744	0.4371	0.3335	0.2551	0.1956	0.1504	0.1159	0.0895	0.0693
29	0.7493	0.5631	0.4243	0.3207	0.2429	0.1846	0.1406	0.1073	0.0822	0.0630
30	0.7419	0.5521	0.4120	0.3083	0.2314	0.1741	0.1314	0.0994	0.0754	0.0573
35	0.7059	0.5000	0.3554	0.2534	0.1813	0.1301	0.0937	0.0676	0.0490	0.0356
40	0.6717	0.4529	0.3066	0.2083	0.1420	0.0972	0.0668	0.0460	0.0318	0.0221
45	0.6391	0.4102	0.2644	0.1712	0.1113	0.0727	0.0476	0.0313	0.0207	0.0137
50	0.6080	0.3715	0.2281	0.1407	0.0872	0.0543	0.0339	0.0213	0.0134	0.0085
55	0.5785	0.3365	0.1968	0.1157	0.0683	0.0406	0.0242	0.0145	0.0087	0.0053

期數	12%	14%	15%	16%	18%	20%	24%	28%	32%	36%
1	0.8929	0.8772	0.8696	0.8621	0.8475	0.8333	0.8065	0.7813	0.7576	0.7353
2	0.7972	0.7695	0.7561	0.7432	0.7182	0.6944	0.6504	0.6104	0.5739	0.5407
3	0.7118	0.6750	0.6575	0.6407	0.6086	0.5787	0.5245	0.4768	0.4348	0.3975
4	0.6355	0.5921	0.5718	0.5523	0.5158	0.4823	0.4230	0.3725	0.3294	0.2923
5	0.5674	0.5194	0.4972	0.4761	0.4371	0.4019	0.3411	0.2910	0.2495	0.2149
6	0.5066	0.4556	0.4323	0.4104	0.3704	0.3349	0.2751	0.2274	0.1890	0.1580
7	0.4523	0.3996	0.3759	0.3538	0.3139	0.2791	0.2218	0.1776	0.1432	0.1162
8	0.4039	0.3506	0.3269	0.3050	0.2660	0.2326	0.1789	0.1388	0.1085	0.0854
9	0.3606	0.3075	0.2843	0.2630	0.2255	0.1938	0.1443	0.1084	0.0822	0.0628
10	0.3220	0.2697	0.2472	0.2267	0.1911	0.1615	0.1164	0.0847	0.0623	0.0462
11	0.2875	0.2366	0.2149	0.1954	0.1619	0.1346	0.0938	0.0662	0.0472	0.0340
12	0.2567	0.2076	0.1869	0.1685	0.1372	0.1122	0.0757	0.0517	0.0357	0.0250
13	0.2292	0.1821	0.1625	0.1452	0.1163	0.0935	0.0610	0.0404	0.0271	0.0184
14	0.2046	0.1597	0.1413	0.1252	0.0985	0.0779	0.0492	0.0316	0.0205	0.0135
15	0.1827	0.1401	0.1229	0.1079	0.0835	0.0649	0.0397	0.0247	0.0155	0.0099
16	0.1631	0.1229	0.1069	0.0930	0.0708	0.0541	0.0320	0.0193	0.0118	0.0073
17	0.1456	0.1078	0.0929	0.0802	0.0600	0.0451	0.0258	0.0150	0.0089	0.0054
18	0.1300	0.0946	0.0808	0.0691	0.0508	0.0376	0.0208	0.0118	0.0068	0.0039
19	0.1161	0.0829	0.0703	0.0596	0.0431	0.0313	0.0168	0.0092	0.0051	0.0029
20	0.1037	0.0728	0.0611	0.0514	0.0365	0.0261	0.0135	0.0072	0.0039	0.0021
21	0.0926	0.0638	0.0531	0.0443	0.0309	0.0217	0.0109	0.0056	0.0029	0.0016
22	0.0826	0.0560	0.0462	0.0382	0.0262	0.0181	0.0088	0.0044	0.0022	0.0012
23	0.0738	0.0491	0.0402	0.0329	0.0222	0.0151	0.0071	0.0034	0.0017	0.0008
24	0.0659	0.0431	0.0349	0.0284	0.0188	0.0126	0.0057	0.0027	0.0013	0.0006
25	0.0588	0.0378	0.0304	0.0245	0.0160	0.0105	0.0046	0.0021	0.0010	0.0005
26	0.0525	0.0331	0.0264	0.0211	0.0135	0.0087	0.0037	0.0016	0.0007	0.0003
27	0.0469	0.0291	0.0230	0.0182	0.0115	0.0073	0.0030	0.0013	0.0006	0.0002
28	0.0419	0.0255	0.0200	0.0157	0.0097	0.0061	0.0024	0.0010	0.0004	0.0002
29	0.0374	0.0224	0.0174	0.0135	0.0082	0.0051	0.0020	0.0008	0.0003	0.0001
30	0.0334	0.0196	0.0151	0.0116	0.0070	0.0042	0.0016	0.0006	0.0002	0.0001
35	0.0189	0.0102	0.0075	0.0055	0.0030	0.0017	0.0005	0.0002	0.0001	-
40	0.0107	0.0053	0.0037	0.0026	0.0013	0.0007	0.0002	0.0001	-	-
45	0.0061	0.0027	0.0019	0.0013	0.0006	0.0003	0.0001	-	-	-
50	0.0035	0.0014	0.0009	0.0006	0.0003	0.0001	-	-	-	-
55	0.0020	0.0007	0.0005	0.0003	0.0001	-	-	-	-	-

附錄二 | 終值利率因子

$$FVIF(k\%, n) = (1 + k\%)^n$$

期數	1%	2%	3%	4%	5%	6%	7%	8%	9%	10%
1	1.0100	1.0200	1.0300	1.0400	1.0500	1.0600	1.0700	1.0800	1.0900	1.1000
2	1.0201	1.0404	1.0609	1.0816	1.1025	1.1236	1.1449	1.1664	1.1881	1.2100
3	1.0303	1.0612	1.0927	1.1249	1.1576	1.0910	1.2250	1.2597	1.2950	1.3310
4	1.0406	1.0824	1.1255	1.1699	1.2155	1.2625	1.3108	1.3605	1.4116	1.4641
5	1.0510	1.1041	1.1593	1.2167	1.2763	1.3382	1.4026	1.4693	1.5386	1.6105
6	1.0615	1.1262	1.1941	1.2653	1.3401	1.4185	1.5007	1.5869	1.6771	1.7716
7	1.0721	1.1487	1.2299	1.3159	1.4071	1.5036	1.6058	1.7138	1.8280	1.9487
8	1.0829	1.1717	1.2668	1.3686	1.4775	1.5938	1.7182	1.8509	1.9926	2.1436
9	1.0937	1.1951	1.3048	1.4233	1.5513	1.6895	1.8385	1.9990	2.1719	2.3579
10	1.1046	1.2190	1.3439	1.4802	1.6289	1.7908	1.9672	2.1589	2.3674	2.5937
11	1.1157	1.2434	1.3842	1.5395	1.7103	1.8983	2.1049	2.3316	2.5804	2.8531
12	1.1268	1.2682	1.4258	1.6010	1.7959	2.0122	2.2522	2.5182	2.8127	2.1384
13	1.1381	1.2936	1.4685	1.6651	1.8856	2.1329	2.4098	2.7196	3.0658	3.4523
14	1.1495	1.3195	1.5126	1.7317	1.9799	2.2609	2.5785	2.9372	3.3417	3.7975
15	1.1610	1.3459	1.5580	1.8009	2.0789	2.3966	2.7590	3.1722	3.6425	4.1772
16	1.1726	1.3728	1.6047	1.8730	2.1829	2.5404	2.9522	3.4259	3.9703	4.5950
17	1.1843	1.4002	1.6528	1.9479	2.9290	2.6928	3.1588	3.7000	4.3276	5.0545
18	1.1961	1.4282	1.7024	2.0258	2.4066	2.8543	3.3799	3.9960	4.7171	5.5599
19	1.2081	1.4568	1.7535	2.1068	2.5270	3.0256	3.6165	4.3157	5.1417	6.1159
20	1.2202	1.4859	1.8061	2.1911	2.6533	3.2071	3.8697	4.6610	5.6044	6.7275
21	1.2324	1.5157	1.8603	2.2788	2.7860	3.3996	4.1406	5.0338	6.1088	7.4002
22	1.2447	1.5460	1.9161	2.3699	2.9253	3.6035	4.4304	5.4365	6.6586	8.1403
23	1.2572	1.5769	1.9736	2.4647	3.0715	3.8197	4.7405	5.8715	7.2579	8.9543
24	1.2697	1.6084	2.0328	2.5633	3.2251	4.0489	5.0724	6.3412	7.9111	9.8497
25	1.2824	1.6406	2.0938	2.6658	3.3864	4.2919	5.4274	6.8485	8.6231	10.835
26	1.2953	1.6734	2.1566	2.7725	3.5557	4.5494	5.8074	7.3964	9.3992	11.918
27	1.3082	1.7069	2.2213	2.8834	3.7335	4.8223	6.2139	7.9881	10.245	13.110
28	1.3213	1.7410	2.2879	2.9987	3.9201	5.1117	6.6488	8.6271	11.167	14.421
29	1.3345	1.7758	2.3566	3.1187	4.1161	5.4184	7.1143	9.3173	12.172	15.863
30	1.3478	1.8114	2.4273	3.2434	4.3219	5.7435	7.6123	10.063	13.268	17.449
40	1.4889	2.2080	3.2620	4.8010	7.0400	10.286	14.974	21.725	31.409	45.259
50	1.6446	2.6916	4.3839	7.1067	11.467	18.420	29.457	46.902	74.358	117.39
60	1.8167	3.2810	5.8916	10.520	18.679	32.988	57.946	101.26	176.03	304.48

期數	12%	14%	15%	16%	18%	20%	24%	28%	32%	36%
1	1.1200	1.1400	1.1500	1.1600	1.1800	1.2000	1.2400	1.2800	1.3200	1.3600
2	1.2544	1.2996	1.3225	1.3456	1.3924	1.4400	1.5376	1.6384	1.7424	1.8496
3	1.4049	1.4815	1.5209	1.5609	1.6430	1.7280	1.9066	2.0972	2.2300	2.5155
4	1.5735	1.6890	1.7490	1.8106	1.9388	2.0736	2.3642	2.6844	3.0360	3.4210
5	1.7623	1.9254	2.0114	2.1003	2.2878	2.4883	2.9316	3.4360	4.0075	4.6526
6	1.9738	2.1950	2.3131	2.4364	2.6996	2.9860	3.6352	4.3980	5.2899	6.3275
7	2.2107	2.5023	2.6600	2.8262	3.1855	3.5832	4.5077	5.6295	6.9826	8.6054
8	2.4760	2.8526	3.0590	3.2784	3.7589	4.2998	5.5895	7.2058	9.2170	11.703
9	2.7731	3.2519	3.5179	3.8030	4.4335	5.1598	6.9310	9.2234	12.166	15.917
10	3.1058	3.7072	4.0456	4.4114	5.2338	6.1917	8.5944	11.806	16.060	21.647
11	3.4785	4.2262	4.6524	5.1173	6.1759	7.4301	10.657	15.112	21.199	29.439
12	3.8960	4.8179	5.3503	5.9360	7.2876	8.9161	13.215	19.343	27.983	40.037
13	4.3635	5.4924	6.1528	6.8858	8.5994	10.699	16.386	24.759	36.937	54.451
14	4.8871	6.2613	7.0757	7.9875	10.147	12.839	20.319	31.691	48.757	74.053
15	5.4736	7.1379	8.1371	9.2655	11.974	15.407	25.196	40.565	64.359	100.71
16	6.1304	8.1372	9.3576	10.748	14.129	18.488	31.243	51.923	84.954	136.97
17	6.8660	9.2765	10.761	12.468	16.672	22.186	38.741	66.461	112.14	186.28
18	7.6900	10.575	12.375	14.463	19.673	26.623	48.039	85.071	148.02	253.34
19	8.6128	12.056	14.232	16.777	23.214	31.948	59.568	108.89	195.39	344.54
20	9.6463	13.743	16.367	19.461	27.393	38.338	73.864	139.38	257.92	468.57
21	10.804	15.668	18.822	22.574	32.324	46.005	91.592	178.41	340.45	637.26
22	12.100	17.861	21.645	26.186	38.142	55.206	113.57	228.36	449.39	866.67
23	13.552	20.362	24.891	30.376	45.008	66.247	140.83	292.30	593.20	1178.7
24	15.179	23.212	28.625	35.236	53.109	79.497	174.63	374.14	783.02	1603.0
25	17.000	26.462	32.919	40.874	62.669	95.396	216.54	478.90	1033.6	2180.1
26	19.040	30.167	37.857	47.414	73.949	114.48	268.51	613.00	1364.3	2964.9
27	21.325	34.390	43.535	55.000	87.260	137.37	332.95	784.64	1800.9	4032.3
28	23.884	39.204	50.066	63.800	102.97	164.84	412.86	1004.3	2377.2	5483.9
29	26.750	44.693	57.575	74.009	121.50	197.81	511.95	1285.6	3137.9	7458.1
30	29.960	50.950	66.212	85.850	143.37	237.38	634.82	1645.5	4142.1	10143
40	93.051	188.88	267.86	378.72	750.38	1469.8	5455.9	19427	66521	-
50	289.00	700.23	1083.7	1670.7	3927.4	9100.4	46890	-	-	-
60	897.60	2595.9	4384.0	7370.2	20555	56348	-	-	-	-

*FVIF>99,999

233

附錄三 | 年金現值利率因子

$$\text{PVIFA}(k\%, n) = \sum_{t=1}^{n} \frac{1}{(1+k\%)^n} = \frac{1 - \dfrac{1}{(1+k\%)^n}}{k} = \frac{1}{k} - \frac{1}{k(1+k\%)^n}$$

期數	1%	2%	3%	4%	5%	6%	7%	8%	9%
1	0.9901	0.9804	0.9709	0.9615	0.9524	0.9434	0.9346	0.9259	0.9174
2	1.9704	1.9416	1.9135	1.8861	1.8594	1.8334	1.8080	1.7833	1.7591
3	2.9410	2.8839	2.8286	2.7751	2.7232	2.6730	2.6243	2.5771	2.5313
4	3.9020	3.8077	3.7171	3.6299	3.5460	3.4651	3.3872	3.3121	3.2397
5	4.8534	4.7135	4.5797	4.4518	4.3295	4.2124	4.1002	3.9927	3.8897
6	5.7955	5.6014	5.4172	5.2421	5.0757	4.9173	4.7665	4.6229	4.4859
7	6.7282	6.4720	6.2303	6.0021	5.7864	5.5824	5.3893	5.2064	5.0330
8	7.6517	7.3255	7.0197	6.7327	6.4632	6.2098	5.9713	5.7466	5.5348
9	8.5660	8.1622	7.7861	7.4353	7.1078	6.8017	6.5152	6.2469	5.9952
10	9.4713	8.9826	8.5302	8.1109	7.7217	7.3601	7.0236	6.7101	6.4177
11	10.3676	9.7868	9.2526	8.7605	8.3064	7.8869	7.4987	7.1390	6.8052
12	11.2551	10.5753	9.9540	9.3851	8.8633	8.3838	7.9427	7.5361	7.1607
13	12.1337	11.3484	10.6350	9.9856	9.3936	8.8527	8.3577	7.9038	7.4869
14	13.0037	12.1062	11.2961	10.5631	9.8986	9.2950	8.7455	8.2442	7.7862
15	13.8651	12.8493	11.9379	11.1184	10.3797	9.7122	9.1079	8.5595	8.0607
16	14.7179	13.5777	12.5611	11.6523	10.8378	10.1059	9.4466	8.8514	8.3126
17	15.5623	14.2919	13.1661	12.1657	11.2741	10.4773	9.7632	9.1216	8.5436
18	16.3983	14.9920	13.7535	12.6593	11.6896	10.8276	10.0591	9.3719	8.7556
19	17.2260	15.6785	14.3238	13.1339	12.0853	11.1581	10.3356	9.6036	8.9501
20	18.0456	16.3514	14.8775	13.5903	12.4622	11.4699	10.5940	9.8181	9.1285
21	18.8570	17.0112	15.4150	14.0292	12.8212	11.7641	10.8355	10.0168	9.2922
22	19.6604	17.6580	15.9369	14.4511	13.1630	12.0416	11.0612	10.2007	9.4424
23	20.4558	18.2922	16.4436	14.8568	13.4886	12.3034	11.2722	10.3711	9.5802
24	21.2434	18.9139	16.9355	15.2470	13.7986	12.5504	11.4693	10.5288	9.7066
25	22.0232	19.5235	17.4131	15.6221	14.0939	12.7834	11.6536	10.6748	9.8226
26	22.7952	20.1210	17.8768	15.9828	14.3752	13.0032	11.8258	10.8100	9.9290
27	23.5596	20.7069	18.3270	16.3269	14.6430	13.2105	11.9867	10.9352	10.0266
28	24.3164	21.2813	18.7641	16.6631	14.8981	13.4062	12.1371	11.0511	10.1161
29	25.0658	21.8444	19.1885	16.9837	15.1411	13.5907	12.2777	11.1584	10.1983
30	25.8077	22.3965	19.6004	17.2920	15.3725	13.7648	12.4090	11.2578	10.2737
35	29.4086	24.9986	21.4872	18.6646	16.3742	14.4982	12.9477	11.6546	10.5668
40	32.8347	27.3555	23.1148	19.7928	17.1591	15.0463	13.3317	11.9246	10.7574
45	36.0945	29.4902	24.5187	20.7200	17.7741	15.4558	13.6055	12.1084	10.8812
50	39.1961	31.4236	25.7298	21.4822	18.2559	15.7619	13.8007	12.2335	10.9617
55	42.1472	33.1748	26.7744	22.1086	18.6335	15.9905	13.9399	12.3186	11.0140

期數	10%	12%	14%	15%	16%	18%	20%	24%	28%	32%
1	0.9091	0.8929	0.8772	0.8696	0.8621	0.8475	0.8333	0.8065	0.7813	0.7576
2	1.7355	1.6901	1.6467	1.6257	1.6052	1.5656	1.5278	1.4568	1.3916	1.3315
3	2.4869	2.4018	2.3216	2.2832	2.2459	2.1743	2.1065	1.9813	1.8684	1.7663
4	3.1699	3.0373	2.9137	2.8550	2.7982	2.6901	2.5887	2.4043	2.2410	2.0957
5	3.7908	3.6048	3.4331	3.3522	3.2743	3.1272	2.9906	2.7454	2.5320	2.3452
6	4.3553	4.1114	3.8887	3.7845	3.6847	3.4976	3.3255	3.0205	2.7594	2.5342
7	4.8684	4.5638	4.2883	4.1604	4.0386	3.8115	3.6046	3.2423	2.9370	2.6775
8	5.3349	4.9676	4.6389	4.4873	4.3436	4.0776	3.8372	3.4212	3.0758	2.7860
9	5.7590	5.3282	4.9464	4.7716	4.6065	4.3030	4.0310	3.5655	3.1842	2.8681
10	6.1446	5.6502	5.2161	5.0188	4.8332	4.4941	4.1925	3.6819	3.2689	2.9304
11	6.4951	5.9377	5.4527	5.2337	5.0286	4.6560	4.3271	3.7757	3.3351	2.9776
12	6.8137	6.1944	5.6603	5.4206	5.1971	4.7932	4.4392	3.8514	3.3868	3.0133
13	7.1034	6.4235	5.8424	5.5831	5.3423	4.9095	4.5327	3.9124	3.4272	3.0404
14	7.3667	6.6282	6.0021	5.7245	5.4675	5.0081	4.6106	3.9616	3.4587	3.0609
15	7.6061	6.8109	6.1422	5.8474	5.5755	5.0916	4.6755	4.0013	3.4834	3.0764
16	7.8237	6.9740	6.2651	5.9542	5.6685	5.1624	4.7296	4.0333	3.5026	3.0882
17	8.0216	7.1196	6.3729	6.0472	5.7487	5.2223	4.7746	4.0591	3.5177	3.0971
18	8.2014	7.2497	6.4674	6.1280	5.8178	5.2732	4.8122	4.0799	3.5294	3.1039
19	8.3649	7.3658	6.5504	6.1982	5.8775	5.3162	4.8435	4.0967	3.5386	3.1090
20	8.5136	7.4694	6.6231	6.2593	5.9288	5.3527	4.8696	4.1103	3.5458	3.1129
21	8.6487	7.5620	6.6870	6.3125	5.9731	5.3837	4.8913	4.1212	3.5514	3.1158
22	8.7715	7.6446	6.7429	6.3587	6.0113	5.4099	4.9094	4.1300	3.5558	3.1180
23	8.8832	7.7184	6.7921	6.3988	6.0442	5.4321	4.9245	4.1371	3.5592	3.1197
24	8.9847	7.7843	6.8351	6.4338	6.0726	5.4509	4.9371	4.1428	3.5619	3.1210
25	9.0770	7.8431	6.8729	6.4641	6.0971	5.4669	4.9476	4.1474	3.5640	3.1220
26	9.1609	7.8957	6.9061	6.4906	6.1182	5.4804	4.9563	4.1511	3.5656	3.1227
27	9.2372	7.9426	6.9352	6.5135	6.1364	5.4919	4.9636	4.1542	3.5669	3.1233
28	9.3066	7.9844	6.9607	6.5335	6.1520	5.5016	4.9697	4.1566	3.5679	3.1237
29	9.3696	8.0218	6.9830	6.5509	6.1656	5.5098	4.9747	4.1585	3.5687	3.1240
30	9.4269	8.0552	7.0027	6.5660	6.1772	5.5168	4.9789	4.1601	3.5693	3.1242
35	9.6442	8.1755	7.0700	6.6166	6.2153	5.5386	4.9915	4.1644	3.5708	3.1248
40	9.7791	8.2438	7.1050	6.6418	6.2335	5.5482	4.9966	4.1659	3.5712	3.1250
45	9.8628	8.2825	7.1232	6.6543	6.2421	5.5523	4.9986	4.1664	3.5714	3.1250
50	9.9148	8.3045	7.1327	6.6605	6.2463	5.5541	4.9995	4.1666	3.5714	3.1250
55	9.9471	8.3170	7.1376	6.6636	6.2482	5.5549	4.9998	4.1666	3.5714	3.1250

附錄四 │ 年金終值利率因子

$$FVIFA(k\%, n) = \sum_{t=1}^{n}(1+k\%)^n = \frac{(1+k\%)^n - 1}{k}$$

期數	1%	2%	3%	4%	5%	6%	7%	8%	9%	10%
1	1.0000	1.0000	1.0000	1.0000	1.0000	1.0000	1.0000	1.0000	1.0000	1.0000
2	2.0100	2.0200	2.0300	2.0400	2.0500	2.0600	2.0700	2.0800	2.0900	2.1000
3	3.0301	3.0604	3.0909	3.1216	3.1525	3.1836	3.2149	3.2464	3.2781	3.3100
4	4.0604	4.1216	4.1836	4.2465	4.3101	4.3746	4.4399	4.5061	4.5731	4.6410
5	5.1010	5.2040	5.3091	5.4163	5.5256	5.6371	5.7507	5.8666	5.9847	6.1051
6	6.1520	6.3081	6.4684	6.6330	6.8019	6.9753	7.1533	7.3359	7.5233	7.7156
7	7.2135	7.4343	7.6625	7.8983	8.1420	8.3938	8.6540	8.9228	9.2004	9.4872
8	8.2857	8.5830	8.8923	9.2142	9.5491	9.8975	10.260	10.637	11.028	11.436
9	9.3685	9.7546	10.159	10.583	11.027	11.491	11.978	12.488	13.021	13.579
10	10.462	10.950	11.464	12.006	12.578	13.181	13.816	14.487	15.193	15.937
11	11.567	12.169	12.808	13.486	14.207	14.972	15.784	16.645	17.560	18.531
12	12.683	13.412	14.192	15.026	15.917	16.870	17.888	18.977	20.141	21.384
13	13.809	14.680	15.618	16.627	17.713	18.882	20.141	21.495	22.953	24.523
14	14.947	15.974	17.086	18.292	19.599	21.015	22.550	24.215	26.019	27.975
15	16.097	17.293	18.599	20.024	21.579	23.276	25.129	27.152	29.361	31.772
16	17.258	18.639	20.157	21.825	23.657	25.673	27.888	30.324	33.003	35.950
17	18.430	20.012	21.762	23.698	25.840	28.213	30.840	33.750	36.974	40.545
18	19.615	21.412	23.414	25.645	28.132	30.906	33.999	37.450	41.301	45.599
19	20.811	22.841	25.117	27.671	30.539	33.760	37.379	41.446	46.018	51.159
20	22.019	24.297	26.870	29.778	33.066	36.786	40.995	45.762	51.160	57.275
21	23.239	25.783	28.676	31.969	35.719	39.993	44.865	50.423	56.765	64.002
22	24.472	27.299	30.537	34.248	38.505	43.392	49.006	55.457	62.873	71.403
23	25.716	28.845	32.453	36.618	41.430	46.996	53.436	60.893	69.532	79.543
24	26.973	30.422	34.426	39.083	44.502	50.816	58.177	66.765	76.790	88.497
25	28.243	32.030	36.459	41.646	47.727	54.865	63.249	73.106	84.701	98.347
26	29.526	33.671	38.553	44.312	51.113	59.156	68.676	79.954	93.324	109.18
27	30.821	35.344	40.710	47.084	54.669	63.706	74.484	87.351	102.72	121.10
28	32.129	37.051	42.931	49.968	58.403	68.528	80.698	95.339	112.97	134.21
29	33.450	38.792	45.219	52.966	62.323	73.640	87.347	103.97	124.14	148.63
30	34.785	40.568	47.575	56.085	66.439	79.058	94.461	113.28	136.31	164.49
40	48.886	60.402	75.401	95.026	120.80	154.76	199.64	259.06	337.88	442.59
50	64.463	84.579	112.80	152.67	209.35	290.34	406.53	573.77	815.08	1163.9
60	81.670	114.05	163.05	237.99	353.58	533.13	813.52	1253.2	1944.8	3034.8

期數	12%	14%	15%	16%	18%	20%	24%	28%	32%	36%
1	1.0000	1.0000	1.0000	1.0000	1.0000	1.0000	1.0000	1.0000	1.0000	1.0000
2	2.1200	2.1400	2.1500	2.1600	2.1800	2.2000	2.2400	2.2800	2.3200	2.3600
3	3.3744	3.4396	3.4725	3.5056	3.5724	3.6400	3.7776	3.9184	4.0624	4.2096
4	4.7793	4.9211	4.9934	5.0665	5.2154	5.3680	5.6842	6.0156	6.3624	6.7251
5	6.3528	6.6101	6.7424	6.8771	7.1542	7.4416	8.0484	8.6999	9.3983	10.146
6	8.1152	8.5355	8.7537	8.9775	9.4420	9.9299	10.980	12.136	13.406	14.799
7	10.089	10.730	11.067	11.414	12.142	12.916	14.615	16.534	18.696	21.126
8	12.300	13.233	13.727	14.240	15.327	16.499	19.123	22.163	25.678	29.732
9	14.776	16.085	16.786	17.519	19.086	20.799	24.712	29.369	34.895	41.435
10	17.549	19.337	20.304	21.321	23.521	25.959	31.643	38.593	47.062	57.352
11	20.655	23.045	24.349	25.733	28.755	32.150	40.238	50.398	63.122	78.998
12	24.133	27.271	29.002	30.850	34.931	39.581	50.895	65.510	84.320	108.44
13	28.029	32.089	34.352	36.786	42.219	48.497	64.110	84.853	112.30	148.47
14	32.393	37.581	40.505	43.672	50.818	59.196	80.496	109.61	149.24	202.93
15	37.280	43.842	47.580	51.660	60.965	72.035	100.82	141.30	198.00	276.98
16	42.753	50.980	55.717	60.925	72.939	87.442	126.01	181.87	262.36	377.69
17	48.884	59.118	65.075	71.673	87.068	105.93	157.25	233.79	347.31	514.66
18	55.750	68.394	75.836	84.141	103.74	128.12	195.99	300.25	459.45	700.94
19	63.440	78.969	88.212	98.603	123.41	154.74	244.03	385.32	607.47	954.28
20	72.052	91.025	102.44	115.38	146.63	186.69	303.60	494.21	802.86	1298.8
21	81.699	104.77	118.81	134.84	174.02	225.03	377.46	633.59	1060.8	1767.4
22	92.503	120.44	137.63	157.41	206.34	271.03	469.06	812.00	1401.2	2404.7
23	104.60	138.30	159.28	183.60	244.49	326.24	582.63	1040.4	1850.6	3271.3
24	118.16	158.66	184.17	213.98	289.49	392.48	723.46	1332.7	2443.8	4450.0
25	133.33	181.87	212.79	249.21	342.60	471.98	898.09	1706.8	3226.8	6053.0
26	150.33	208.33	245.71	290.09	405.27	567.38	1114.6	2185.7	4260.4	8233.1
27	169.37	238.50	283.57	337.50	479.22	681.85	1383.1	2798.7	5624.8	11198.0
28	190.70	272.89	327.10	392.50	566.48	819.22	1716.1	3583.3	7425.7	15230.8
29	214.58	312.09	377.17	456.30	699.45	984.07	2129.0	4587.7	9802.9	20714.2
30	241.33	356.79	434.75	530.31	790.95	1181.9	2640.9	5873.2	12941	28172.3
40	767.09	1342.0	1779.1	2360.8	4163.2	7343.9	22729	69377	-	-
50	2400.0	4994.5	7217.7	10436	21813	45497	-	-	-	-
60	7471.6	18535	29220	46058	-	-	-	-	-	-

*FVIF>99,999

參考書目 | References

1. 《財務管理原理》，謝劍平著，智高出版。

2. 《財務報表分析》，曹淑琳編著，新文京出版。

3. 《經濟學》，曹淑琳編著，新文京出版。

4. 《如何分析一家公司－經濟學人教你評估企業價值》，Bob Vause 著，林聰毅譯，財信出版。

5. 《非科班經理人也要懂的財務會計知識》，William G. Droms、Jay O. Wright 著，林聰毅譯，財信出版。

6. 《掌握財務診斷》，游麗珠著，宏貫文化出版。

7. 《數字背後的數字》，Michael Brett 著，臉譜出版。

8. 《31 個關鍵比率》，Robert Leaeh 著，李嘉安譯，臉譜出版。

MEMO

MEMO

MEMO

MEMO

MEMO

國家圖書館出版品預行編目資料

財務管理：理論與應用 / 曹淑琳編著. -- 第四版. --
新北市 : 新文京開發出版股份有限公司, 2021.01
面 ； 公分

ISBN 978-986-430-686-2（平裝）

1.財務管理

494.7   109021636

財務管理：理論與應用（第四版） （書號：H193e4）

編 著 者	曹淑琳
出 版 者	新文京開發出版股份有限公司
地 址	新北市中和區中山路二段 362 號 9 樓
電 話	(02) 2244-8188（代表號）
F A X	(02) 2244-8189
郵 撥	1958730-2
第 三 版	西元 2018 年 12 月 15 日
第 四 版	西元 2021 年 01 月 20 日

ISBN 978-986-430-686-2

New Wun Ching Developmental Publishing Co., Ltd.

New Age · New Choice · The Best Selected Educational Publications—NEW WCDP

新文京開發出版股份有限公司

NEW
WCDP

新世紀‧新視野‧新文京 — 精選教科書‧考試用書‧專業參考書